化学就是这么简单

给孩子的零基础化学启蒙书

（意）拉法埃拉·克雷先茨（Raffaella Crescenzi）
（意）罗伯特·韦岑茨（Roberto Vincenzi） /编
（意）克劳迪娅·佩特拉齐（Claudia Petrazzi） /绘
周梦琪 / 译　李昌秀 / 审校

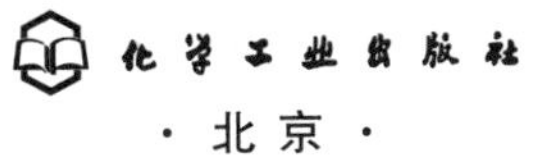

化学工业出版社
·北京·

Chimica, Cheppalle!
World copyright© 2018 DeA Planeta Libri srl, Italy
Redazione: via Inverigo, 2 – 20151 Milano
www.deaplanetalibri.it
ISBN 9788851168032
Text: Raffaella Crescenzi; Roberto Vincenzi; Revisione del testo: Francesca Bosetti;
Coordinamento editoriale: Federica Urso; Illustrazioni: Claudia Petrazzi;
Art director: Marco Santini; Progetto grafico: Anna Iacaccia

北京市版权局著作权合同登记号：01-2020-3250

图书在版编目（CIP）数据

化学就是这么简单：给孩子的零基础化学启蒙书 /（意）拉法埃拉·克雷先茨，（意）罗伯特·韦岑茨编；（意）克劳迪娅·佩特拉齐绘；周梦琪译. —北京：化学工业出版社，2020.7（2024.4重印）
ISBN 978-7-122-36990-1

Ⅰ. ①化…　Ⅱ. ①拉…　②罗…　③克…　④周…　Ⅲ. ①化学 - 儿童读物　Ⅳ. ① O6-49

中国版本图书馆 CIP 数据核字（2020）第 081870 号

责任编辑：王婷婷　潘英丽　　文字编辑：昝景岩
责任校对：王鹏飞　　装帧设计：韩　飞

出版发行：化学工业出版社（北京市东城区青年湖南街 13 号　邮政编码 100011）
印　　装：大厂聚鑫印刷有限责任公司
710mm×1000mm　1/16　印张 13　字数 155 千字　2024 年 4 月北京第 1 版第 5 次印刷

购书咨询：010-64518888　　售后服务：010-64518899
网　　址：http://www.cip.com.cn
凡购买本书，如有缺损质量问题，本社销售中心负责调换。

定　　价：49.80 元

目录

写在前面的话……

市面上的中学化学教材五花八门，数量庞大，但是，请你们相信我，这本书是与众不同的。可能每本书的作者都会这么说，但只有在这本书里，你才能找到：

- 电梯里放屁的气体定律；
- 摩尔的概念与逛超市；
- 用商业中心平面图的形式展示的物态变化；
- 饱和溶液与皮帕奶奶的圣诞午餐；
- 无与伦比的化学元素：锶。

总之，这不是一本普通的化学书。在你与专业老师推荐的严肃刻板的化学教科书斗智斗勇之余，这本书可以为你提供一个安定的港湾。在这里你可以找到所有你想了解的事情。

也许你会问，这本书到底哪里不一样？

下面我来告诉你。

这本书的任务是帮助你摆脱化学学习的无聊枯燥，让化学变得有趣，既然如此，何乐而不为呢？

在接下来的内容中，你会学习到大纲里面的化学知识：关于化学反应、物质状态和溶液的七个章节，以及原子、同位素、分子、摩尔、气体、液体、固体、物态变化、饱和溶液与溶解度。

如果你感兴趣——不，我们不是在开玩笑，这真的可能会发生！——你还可以继续学习剩下的化学知识——比如轨道、化学关系、pH值的联系，有机化学，生物化学和其他“可怕”的化学知识点——我们也诚挚地邀请你，通过电话、电子邮件联系我们！

最后，我们祝你玩得愉快。嗯，我是说……学得愉快！

作者　拉法埃拉和罗伯特

第一章

化学和绝地武士

1.0 前言

各位同学，欢迎大家！

你们是不是在思考，买这本教材到底对不对呢？别担心！读完这一章的前几段，你们就会得到想要的答案。

每一本严谨的化学教科书都会以这样一句话开头：

化学是研究物质及其性质和变化规律的科学。

然后硬塞给你们两个章节——如果运气不好也可能三个章节——枯燥无味地讲述着数百年前的权威科学家们是如何历经沧桑，不懈地追寻理论和定律来解释：当一个倒霉的人在制作柠檬水的时候，洗手的时候，燃放烟花的时候，开完葡萄酒忘记塞回瓶塞的时候，或是家门钥匙生锈的时候，会发生什么现象。

然而一个不变的事实，就是你们始终都还是得学习化学，而且要学好它，否则你们在学校上课的时候麻烦可就大了。为了减轻大家学习化学时

的痛苦，我们郑重地保证，在这本书里绝不会出现平常那种关于化学历史的索然无味的冗长文章。我们的确应该对化学定律的起源怀抱一颗敬重的心，但除此之外我们也没什么其他可以做的：尽管作为编者的我俩都做了很久的化学家，甚至还重新仔细地检查了自己的大学毕业证，但每每读到化学史的第五页的时候，我们也总是无可奈何地陷入绝望。

因此，这一部分我们会为你们省去。我们保证！

现在，不幸的是，你们的老师很可能会想问你们：科学家们是如何发现化学的基本原理的？因此，你们将不得不在那些“真正的”化学书中去学习这些知识。

总之，《化学就是这么简单》实际上是本续集，就像《星球大战——最后的绝地武士》和《暮光之城——破晓》一样。

这一点清楚后，我们就可以马上开始了。不不，是“我”要开始了：是第一人称单数形式的“我”。一个叙述者以复数人称开始讲述，这是在续集中也没有出现过的。

1.1　自然元素和人造元素

那么一本化学书，我们从哪里开始编写呢？

从你们已经知道的知识开始。

你们一定知道水，化学家们坚持写成H_2O。我想你们一定也听说过二氧化碳（CO_2）。

然后你们也知道有原子、质子和电子，有些人甚至可以说出中子。

因此，我将这样开始：人类已知的化学元素一共有多少种？我也能想到你们会回答说：大约有一百来种。事实上，现在是118种。其中只有92种是自然元素，这意味着它们足够稳定，人们在散步时就可以遇到它们。剩下的26种元素是我们在实验室或核反应堆中人为制造而获得的，它们几乎都具有放射性。

不过，我们从现在开始，要把注意力集中在地球上的自然元素上，因为92种元素已经是一个相当大的数字。最后一个元素是92号铀元素。但是

我们不能偏离轨道，而是要从最开始，也就是氢元素（H）开始。

序号1的元素，就像意大利国家足球队的1号球员布冯（Gigi Buffon）。

让我们休息一下，再重新读一遍。我得说这不是一个典型的化学教科书式的开场白。但是这真是太好了，因为之前我们承诺过：《化学就是这么简单》，它是一本与众不同的书！我喜欢这种信守诺言的感觉。

做得很好。那么这些数字到底是什么呢？从1到92的排序又有什么意义呢？到底是谁制定的这个顺序？然后92又正好是El Shaarawy（意大利足球运动员艾尔·沙拉维）的球衣号码。更重要的是，他自己知道他和铀原子的数字编号一样吗？那么铀元素在哪个队踢球呢？

下面我们试着来解答这些问题，同时我也要很高兴地通知大家一个好消息：你们已经读完第一章的第一部分啦。

干得好！

1.2 原子

我相信，老师已经在课堂上告诉过你们，这些数字代表什么！你们当时是不是在开小差？ 别担心。这些数字表示每个原子中有多少个质子。例如，Gigi（意大利国家足球队的1号是布冯Gigi Buffon，正如氢原子在元素周期表里的排名），也就是氢原子，只有一个质子。换句话说，氢原子内部的原子核里只有一个质子。很简单，不是吗？

需要注意的是，原子本身是不带电荷的。如果它们带有电荷的话，我们周围的一切物体都会带电，人们就会一直触电。但是，氢原子的质子带

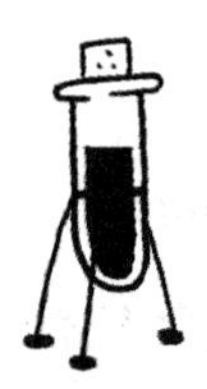

有正电荷，我们用p^+来表示，这就是为什么在氢原子的质子周围还存在着一种带有相同数量负电荷的其他粒子，目的就是要和质子的正电荷相互抵消。

这种带有负电荷的粒子，我们称之为电子，用e^-来表示。因此，氢原子是由一个质子和一个电子组成的。问题解决了。

所有这些原理都可以用一种更困难、更无聊的方式来表述，并且学会这样的表述会让你在课堂上出尽风头。现在，我就要用这种更无聊、更困难的“化学术语”来向你们解释。

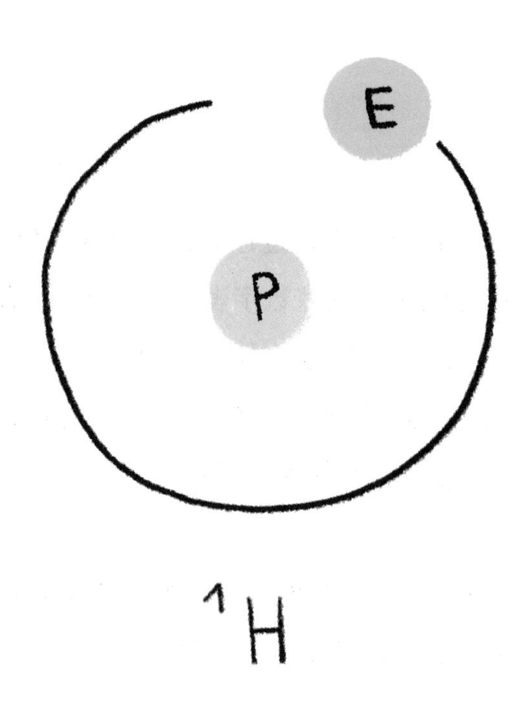

下面我用化学术语说给你们听：

（也就是老师提问学生时最想听到的回答）

原子是电中性的，因为原子中的电子数量与质子数量相等。

别担心，深呼吸，我们来看看数量到底有多少。

原子的质子数量——也就是原子的电子数量——被称为原子序数，用字母*Z*表示。每一种化学元素都是根据原子核中的质子数量来区分的。这意味着每个铀原子有92个质子。顺便说一下，其实El Shaarawy（意大利足

球运动员艾尔·沙拉维）并不喜欢铀，他球衣上的数字92只是他的出生年份而已。

氢元素的原子核中只有一个质子，如果我们再加一个质子，就创造了一个全新的元素，一个完全不同的元素：氦。

是的，就是气球里填充的气体。

问题是，两个质子不能靠得太近。你们有没有试过将同种电荷的两个磁极连接起来？我想是做不到的。好吧，试想一下：当你在拥挤的公共汽车上，一个腋窝下有汗渍的家伙走到你面前，伸手抓起你身边的扶手，你是否会本能地像橡皮筋一样迅速弹开？质子靠近质子时也是如此。

下面我用化学术语说给你们听：
（也就是老师提问学生时最想听到的回答）

如果原子核只由质子组成，原子核就会发生分裂，因为这些质子都带相同性质的电荷，它们之间会产生斥力。

为了维持我们的宇宙，大自然母亲不得不发明了中子，一种不带任何电荷的粒子——实际上就是中性的粒子——它能够平衡质子之间的排斥力，使它们聚集在一起，形成原子核。现在让我们忘掉中子是如何帮助形成原子核的，因为它不属于中学化学的学习范围。

目前，你只需要知道质子和中子之间存在着非常强大的吸引力，但这种吸引力只在非常近的距离内存在，并能够使原子核得以稳定。

由于这种相互的作用是自然界所有基本力量中最强烈的，于是人们发挥在取名方面的惊人想象力，称之为强核力。

回到我们自己身上，如果有一天，我们愿意去计算每一种化学元素原子核里的质子和中子的数量时，我们将会发现一个新的数字：质量数。

下面我用化学术语说给你们听：
（也就是老师提问学生时最想听到的回答）

质子和中子数的总和被定义为质量数，用字母A表示。

加油。你们已经学会了一个可以向朋友们吹嘘的新知识：已知任意元素的原子序数Z和质量数A，就可以计算出该元素原子所拥有的质子、中子和电子的数量。

例如，氦原子有两个质子、两个中子和两个电子，它的原子序数是$Z=2$，质量数是$A=4$。

化学可以给我们多大的满足感啊！

让我们举个实际的例子。

如果你们在房子里四处游荡，偶然发现一个元素，它的原子序数$Z=38$，质量数$A=88$，那么这意味着它的每个原子都有38个质子、38个电子和50个中子（50+38=88）。你们想知道你们遇到了哪一种元素吗？亲爱的朋友们，是锶元素。

在此，我庄严而正式地宣布，在有可能的情况下，我都将把锶元素作为本章的参考实例。不再有无聊的锂和可充电电池、钠和水、钾和香蕉的例子。这将是唯一一本所有的例子都是以锶元素为基础的化学书！如果你们不再咯咯地笑了，下面我想提醒你们注意这样一个事实，即为了维持拥有38个质子的锶原子核的稳定，38个中子是不够的，因为它需要50个中子。事实上，哪怕是使用了极其强大的力量，强大到可以躲避尤达（《星球大战》中的人物）的力量，依旧改变不了这样的事实：原子核中包含的质子越多，保持稳定所需的中子也就越多。

如果我们进一步增加原子序数，中子的数量将不得不进一步增加。例如，原子界的El Shaarawy（意大利足球运动员艾尔·沙拉维），也就是铀原子，它的原子序数Z=92，质量数A=238，这意味着它需要146个中子来稳定它的原子核！

好吧。关于原子的知识，我们就说到这里。下一个话题。

怎么样？你们再也无法将视线从这本书上移开了，是不是？

1.3 元素

我知道，下面你们将要读到的内容可能之前就已经有所了解，但是为了确保万无一失，我还是把它编辑到了这本书里。

下面我用化学术语说给你们听：
（也就是老师提问学生时最想听到的回答）

化学元素是由具有相同原子序数的原子组成的，也就是说，由所有具有相同质子数的原子组成。

我们举个例子：如果我们非常荒唐地购买了一个很漂亮的锶元素的家

具摆设（我说这是荒唐的，因为金属锶与空气接触极易燃烧，引发火灾），我们就会知道这个摆设是由上亿个相同的原子组成，它们都有相同的原子序数：38。

所以，如果有人把某种神秘物质带到你们面前，告诉你们组成它的所有原子都具有相同的原子序数Z=38，在不需要更多其他信息的情况下，你们就可以断定，它肯定是锶。很奇妙，不是吗？

你们可能也知道锶的化学符号是Sr。如果你们要详细地标出来原子中有多少质子和中子，那么你就得这样写：

$$^{88}_{38}\mathrm{Sr}$$

表示质量数A的数字写在化学符号的左上角，表示原子序数Z的数字写在化学符号的左下角。

或者你们只需要写成$^{88}\mathrm{Sr}$，而不需要标出原子序数，因为所有的锶原子都必须是Z=38。否则，它们就不可能是锶原子，因为**锶的原子序数，大家都知道的，不知道的同学最好现在就了解一下！**

我们再来总结一下。

如果两个原子的原子序数不同，那么它们就是不同元素的原子，具有完全不同的化学和物理性质。

例如，如果公园里的气球销售员有一天决定用氢气而不是氦气来填充气球——就像你们记住的那样，它们分别是Z=1和2的两种不同元素——这绝对不是一个好主意。事实上，他会在不小心点燃火柴的那一刻，把所有的气球都炸掉。

请记住：氦气是惰性气体，而氢气是高度易燃和爆炸性的气体。说得再直白一点，氢气是可以直接作为火箭燃料的。

我知道你们还在等我们的老朋友锶元素的一个例子，虽然锶的确是不太常用（从网络上就可以知道它一般用来做一些玻璃、牙膏或是红色的烟花爆竹），但是比锶元素多一个和少一个质子的元素（分别是钇和铷），它们甚至比锶元素还要更加地不为人知。我想我们这次就不拿锶来举例子了，但是你们还是要知道。

下面我用化学术语说给你们听：
（也就是老师提问学生时最想听到的回答）

原子序数的数值变化会导致原子性质的巨大变化。

1.4 同位素

质子数相同的原子都是相同的，性质也相同。而这个知识点，只要你肯花时间反复记忆，哪怕是块砖头也能学会了。

但是这里有一个新的知识：相同元素的原子可以有不同数量的中子。质子数量相同但中子数量不同的原子被称为同位素。

下面我用化学术语说给你们听：
（也就是老师提问学生时最想听到的回答）

同一元素的所有同位素都具有相同的化学性质和相同的原子序数Z，但它们可能具有不同的质量数A。

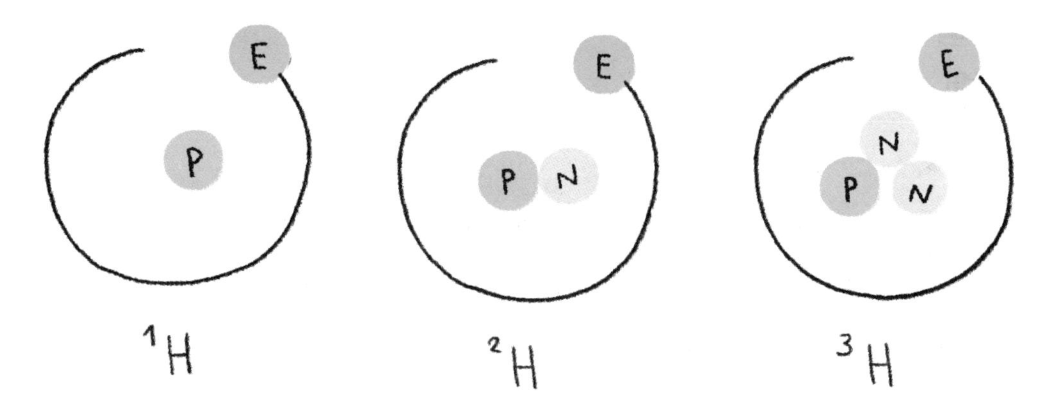

就像你们玩《部落冲突：皇室战争》的时候一样。你们懂吗？不明白？好吧，我来告诉你这是怎么回事！

野猪骑士都是一样的——即每个人都拥有同样的原子序数Z。尽管可能会有不同级别的战术增强——即可能产生的中子的多少，每一个野猪骑士都做着同样的事情，即不停地攻击敌人的防御攻势，以此来保证自己的产业完整。这同样也适用于其他部队——即其他化学元素：一个皮卡超人不同于一个寒冰法师，是因为他们有不同的攻击和防御能力——也就是他们的原子序数Z是不同的——但他们卡组中的每个人在游戏中的行为是一样的：一个皮卡超人永远都会不断给敌人以毁灭性的打击，一个寒冰法师也永远都会试图让敌方出现一段时间的减速效果，不管你们把它们修炼到什么水平（质量数）。

让我们回到化学上来。

同位素的存在也解释了为什么当锶有38个质子和50个中子时，它的化学符号会写成^{88}Sr。事实上，即使所有的锶原子都必须含有38个质子（*Z*=38），也有一些锶原子的原子核中有46、48、49、50甚至52个中子。如果我们把所有情况的中子和质子都加起来，我们会发现有^{84}Sr、^{86}Sr、^{87}Sr、

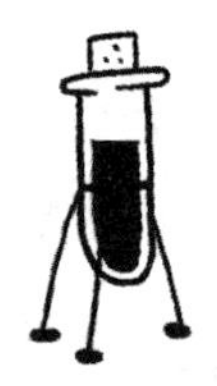

^{88}Sr和^{90}Sr，而最后这个，也被称为锶90，具有微弱的放射性。

不过你们可以放心：天然的锶是四种同位素的混合物：^{84}Sr、^{86}Sr、^{87}Sr和^{88}Sr，其中并没有哪种是特别危险的。

我们之前看到氢是由原子核中只有一个质子而没有中子组成的原子。然而，在自然界中也存在着氢原子（尽管它们的数量不到0.02%）的原子核除了一个质子外，还含有一个中子的。这些氢原子的化学符号写成^{2}H，所有的粒子都只有1个：1个质子，1个中子和1个电子。它们也是唯一一种拥有专有名字的同位素——氘。

其实可以在实验室中制备具有放射性的人造氢原子，其原子核中含有1个质子和2个中子。这些原子也有一个特别的名字：氚，^{3}H。在所有这些废话中，你们需要记住的是，自然界的大多数元素实际上是由同位素组成的混合物，通常是其中一到两种同位素会比其他同位素数量更多。

但是关于这一点，我们等到之后讲到原子质量的问题时，再回来讨论。

E
N
P N
E
P
E
P N

1.5 离子

我们已经看到当我们从原子中取出或者添加质子和中子时会发生什么。

现在让我们来看看电子，它们虽然很小，但我向你保证，它们特别爱生气。

下面我用化学术语说给你们听：

（也就是老师提问学生时最想听到的回答）

当一个原子失去或获得一个电子时，它就会产生电荷（正负电荷），并被定义为离子。

你们应该知道，我们的老朋友锶原子是一个慷慨的原子，它一般会释放两个电子，形成一个Sr^{2+}，因为它释放了负电荷的东西，也就是两个电子，它自己就会变成一个正电荷的离子，或者更确切地说，一个阳离子。但是另一个氟（F）原子（我很喜欢，因为它存在于牙膏中），它则倾向于获得一个电子，然后变成一个负电荷的氟离子，也就是阴离子。

这些专业的名字我们先讲到这里，但你们可以期待下：我们以后还会回来继续讨论这些失去和发现的电子，我们将会看到为什么锶原子更愿意放弃两个电子，而氟原子则选择拿走它们（但每个氟原子最多拿一个），以及所有这些给予和索取到底有什么意义。

只要你们多点耐心，等到我们第二册的出版。

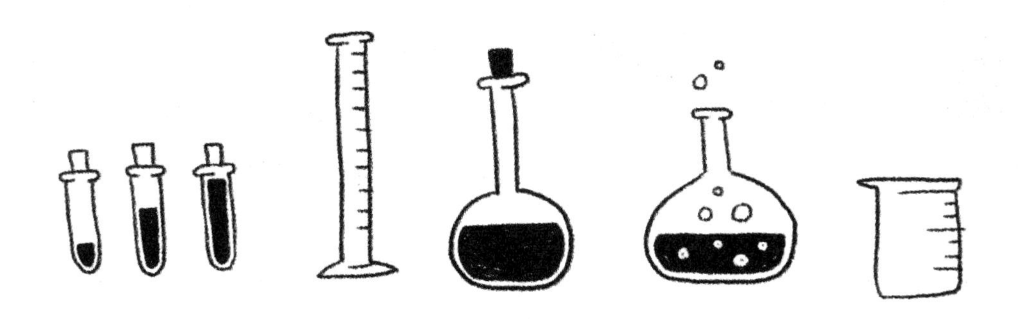

1.6 原子的大小

现在我们来看看这些原子到底有多大。

事实上，它们非常小。我们说的小不是看得到的渺小或微小：我们说的是（从技术层面来看）真的非常非常非常小！

例如，你们看到旁边漫画中的问号下面的那个点了吗？

在那个点里面，有大量的数不清的质子。如果我们能把点里面的每个质子放大到我们能看清楚，让它和你的智能手机一样大的话，那么问号下面的那个点（仍然包含相同数量的质子）应该和太阳一样大。对，就是天上那个金黄色的球。

当然，要测量这些微小的粒子大小，我们需要稍微调整一下10的乘方。事实上，一个质子的半径接近0.000000000000001m，我们可以把它写成1×10^{-15}m。如果你们不相信的话，可以问问你们的数学老师！

因此，研究这些粒子的疯子，不，科学家们不得不发明一种新的长度单位来简化测量。

还记得有哪些长度单位吗？有分米（dm）、厘米（cm）、毫米（mm）……也许你们中有些人模模糊糊记得其实还有一个微米（μm）。

然而，即使这样，我们还是只能测量到10^{-6}m的最小单位，但是这样的测量单位对原子大小的测量来说仍然是无用的：这就好比试图去测量埃菲尔铁塔塔顶一根头发的厚度一样。

为了测量原子，科学家们选用了皮米，也就是10^{-12}m的长度单位；还有飞米，也就是10^{-15}m的长度单位来测量。

一个质子——或者一个质子大小的中子——半径大约是0.001皮米（pm），或者用更小的单位表示，1飞米（fm）。相对而言，原子则是这些粒子中真正的巨人。算上它周围的电子云，原子的半径大约是50pm（氦原子）到350pm（某些较大的原子，比如铯原子）。你想知道锶原子的半径吗？大约200pm，也就是0.0000000002m。

面对现实吧，原子是看不见的，即使你们用阿姨送给你们的、正摆在你们书桌上积灰的显微镜去观察，也是看不见的。

1.7 原子的质量

好的，现在你们应该已经知道一个原子大概有多大，那么你们不好奇一个原子有多重吗？

首先，其实电子比质子和中子轻得多，其质量仅相当于它们的两千多分之一。所以我们基本上可以把电子的质量忽略不计：也就是说，一个原子的质量就等同于它原子核的质量。

因此可以近似地认为，在天平上留下来的就只有质子和中子的质量，比如说，称重结果为每个质子或中子重1.67×10^{-24}g。

之前是不是觉得原子大小的测量已经很让人头大啦？相信我，这里的情况还是很有趣的。事实上，如果我们已经花费很大精力弄清楚了10^{-12}m有多少，那么再来弄清楚一堆“10^{-24}g”就是一件非常轻松的事情了！

从今天开始，当你们跟着妈妈去超市买菜的时候，如果妈妈让你们去称一下萝卜和李子的时候，你们可以想想那个时候在天平上到底有多少的质子和中子正在看着你们。更不用说电子了，虽然它们的质量要轻得多，但它们的数量是和质子一样多的。想象一下，有没有觉得它们在监视你们？

当然，在这种情况下，科学家们也不得不发明一种质量单位来计算原子的质量。不幸的是，并没有一种“官方”的质量单位来表示这么小的质量，因此原子质量使用的单位就是10^{-24}g！

有人建议使用yoctogram（yg，幺克）来作为原子质量的计量单位——我知道这个单位从字面上看像一种控制肠道菌群的产品，但我向你们保证，它是一种计量单位！——1yg就相当于10^{-24}g，但他们的这个提议就和你们每周一早上的第一节课一样并没有受到大家的肯定和欢迎。

大多数科学家更喜欢发明一种全新的测量单位来测量原子的质量。经过长时间的讨论，他们选择将其命名为原子质量单位，用符号u表示，每一原子质量单位u的质量相当于1.66×10^{-24}g。

所以1u就等于1.66yg，但我不建议你们用这个知识来给别人留下深刻印象，除非你们想永远摆脱他们。

这个新的原子质量单位（简称u.m.a，简写为u）的有趣之处在于，质子和中子的质量值实际比1u多一点，分别是1.007u和1.008u。

下面我用化学术语说给你们听

（也就是老师提问学生时最想听到的回答）

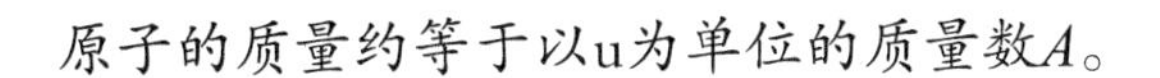

再来复习一遍：质量数A只是中子和质子质量的总和。

我几乎能听到你们脑子里的轮子在不停地转动，但是，既然科学家们必须发明出一个全新的测量单位，为什么他们不选择一个不那么愚蠢的测

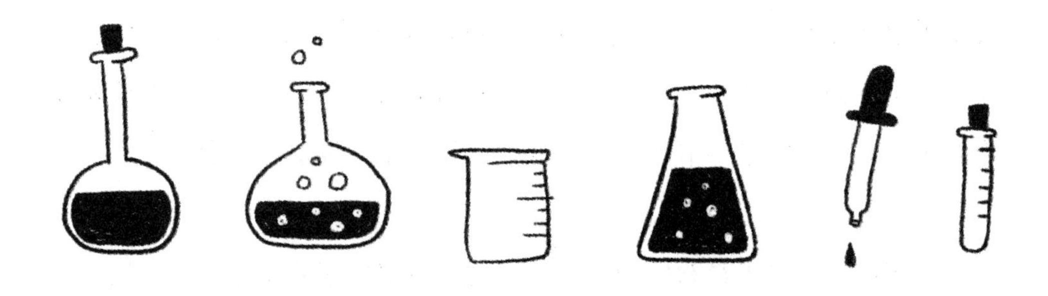

量单位呢？例如，质子和中子的质量正好是1个这种单位，而不是一点零零几个单位呢？

好问题！事实上有想要大规模使用氢原子（只含有1个质子）作为计量单位的，但不幸的是，这并不好用，因为这里面还有一个更复杂的情况，当原子中只有质子或只有中子的时候，质子和中子的质量会比它们与其他粒子共存的时候的质量更大。

这就是所谓的质量缺陷。

我们举个例子吧：一个典型青少年同学的周六夜晚（相信我，他们的周六夜晚绝不只有电视节目、电子游戏和高脂零食这么简单）。并且，如果那个让你们头晕目眩的女孩邀请你们一起共进晚餐，并透露给你们说她正在节食，我敢打赌，你们一定会立刻扔掉你心爱的薯片，宣告说只要有烤红薯就够了。每个人都知道，当人开始恋爱时，都会变得更瘦。这就是一个情感上的质量缺陷！

质量缺陷

NEW!
CHIPS
NEW!
CHIPS
NEW!
CHIPS

吉娜的信息

GINA
来我家吃晚饭吗?

烤红薯吗？我最爱吃了！
NEW!
NEW!

下面我们回到正题：我们试图弄清楚哪种既有质子又有中子的元素可以作为计量原子质量的单位。事实上，除了氢原子，其他所有元素的原子都是可以的，就是因为氢原子是没有中子的。我请大家想象一下，在已知的原子范围内寻找合适的原子质量单位，科学家们彼此之间得发生多少次争吵啊：除了那些想使用氢原子的科学家，还有一些科学家想要使用氧原子，还有一些想要使用碳原子。

最终，几乎大多数科学家都共同选择了碳12同位素的原子（也就是^{12}C）作为原子质量单位，所以科学家们将^{12}C的质量记录为12u。因此，这一碳同位素的原子质量除以12，我们就得到了一个质子或中子的质量（与其他粒子共存的情况下）。

所以一个碳12原子正好重12u，而一个^{88}Sr原子重约88u，也就是一个^{12}C原子质量的88/12倍。

下面我用化学术语说给你们听：
（也就是老师提问学生时最想听到的回答）

原子质量单位为1.66×10^{-24}g，是原子质量的测量单位，根据定义是碳12同位素原子质量的十二分之一。

1.8 元素的原子质量

来吧，孩子们，这是我们最后一个用来定义原子质量的参数!

不幸的是，我们刚才讨论的原子质量单位虽然很好用，但它实际上没什么实际作用。

事实上，知道^{88}Sr重约为88u，虽然它表示的这个质量结果让我们很满意，但实际上这对我们来说并没有多大作用，因为正如我们在前几段中所看到的那样，自然界中的锶是四种同位素的混合物，每一种同位素都有不同的原子质量。

因此，要知道奶奶家金属锶的家具摆设所含的原子到底有多重，你们必须根据锶元素的各种同位素在地球上的含量比例，对锶所有同位素原子质量做一个加权平均值（不明白这个概念的同学可以问问你们的数学老师）。

下面我用化学术语说给你们听:
（也就是老师提问学生时最想听到的回答）

元素的原子质量（P.A.）被定义为该元素的原子的平均质量。P.A.值的大小取决于每一种同位素在自然界中所占的比例以及每一种同位素的原子质量。

首先，我们通过加权平均值，先来计算下我们的朋友锶元素最终的原子质量。将锶元素的四种同位素的原子质量乘以它们各自的同位素的含量比例，并将结果除以100，即得到一个百分比：

$$P.A.(Sr)=(84\times0.56\%+86\times9.86\%+87\times6.90\%+88\times82.58\%)/100=87.62$$

因此，锶元素的原子质量就是87.62u，这并不意味着每一个锶原子的质量都是87.62u，只是说锶是四种同位素^{84}Sr、^{86}Sr、^{87}Sr、^{88}Sr（^{90}Sr是人造同位素，我们不考虑）按照一定比例的混合物，加权平均后的原子质量为87.62u。

顺便说一下，锶离子（Sr^{2+}）的原子质量与锶原子的原子质量几乎相同，因为它失去的两个电子的质量可以忽略不计（几乎相当于Sr核质量的一万多分之一）。

此外，氢的原子质量是1.008u这一事实仅仅表明，自然界中绝大多数的氢原子没有中子，由同位素^{1}H表示，只有少量的是氘，用^{2}H表示（大约占比0.002%）。

由于几乎所有的自然元素都以两种或两种以上不同同位素的形式存在，因此，实际上没有任何一种同位素的原子质量正好可以等于一个整数。我明白有时候计算原子质量的愿望是不可抗拒的，但如果你们不想发疯，就用计算器算吧！

1.9 分子

激动人心的大揭秘时刻到了，你们准备好了吗？ 好的，秘密就是：实际上，只包含一种原子的物质是非常少的。

事实上，除了金属和某些气体不愿意和其他物质混合之外（这一类的气体被称为惰性气体，因为大家都很清楚它们有多高冷），几乎所有的粒子都试图聚集在一起形成复合结构，而原子与原子之间就是通过我们所说的化学键来进行相互连接形成复合结构的。

当然，原子也可以自己和自己结合，比如氢H_2，氧O_2，磷P_4：右下角的数字表示有多少相同的原子聚集在一起形成一个叫作分子的新粒子。

然而，化学键通常是在不同的原子之间形成的。无论如何，最后形成的总是一个分子，像水分子H_2O，它含有两个氢原子和一个氧原子。总之，化学家们一点也不在乎这个结合体的形成过程是发生在相同的原子之间，还是发生在不同的原子之间，因为最终都被统称为“分子”。

下面我用化学术语说给你们听：
（也就是老师提问学生时最想听到的回答）

纯净物中的所有分子都有相同的成分和特性。

当然，分子的性质通常与组成它们的原子的性质有很大的不同，因为化学键的形成会极大地改变组成它们的原子的特性，就像恋爱中通过恋爱关系组合在一起的恋人一样……

分子的组成用化学分子式来描述。

只要看到这些化学分子式，我们化学家（从现在开始，你们也一样！）就能立刻知道构成分子的元素是什么，以及它们是按照多少数量比例结合在一起的。

例如，P_4和H_2O就是化学分子式，也被称为“化学实验式”，它告诉我们这个分子是由哪些原子和多少原子相互结合的。对于比较复杂的分子，用分子结构式来表示可以更加直观地显示原子是如何结合在一起的，结构式中的连词符号就代表连接原子之间的化学键。

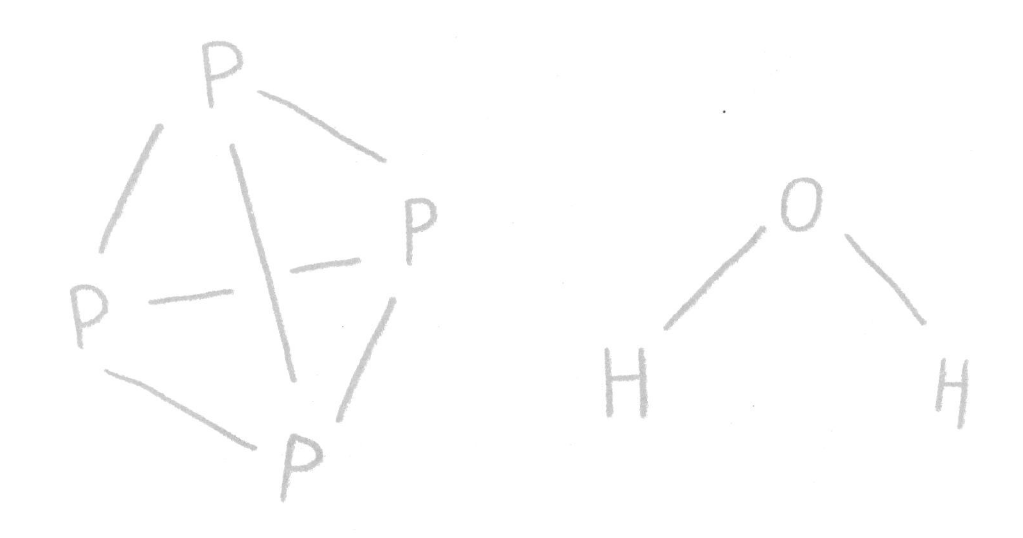

有点紧张害怕了，是吗？可以理解，大家还不太明白。不过在这里我要给你们一些宝贵的建议。泡一壶茉莉花茶，让自己放轻松，然后最重要的是，做好心理准备接受这样一个现实：在你们接下来学习化学的时光里，你们都无法摆脱这些分子和化学分子式。

这里给大家一个友情小提示：你可以试着认真研究这些化学式。当你可爱的同桌在一旁用心形符号和表情符号在日记上乱涂乱画时，这个时候你可以像高冷的惰性气体一样，不经意间在喜欢的人面前秀出一个超级复杂的分子式。如果他（她）看懂了，那么他（她）就是个化学小天才，能帮助你一起学化学。如果他不明白，你可以主动去帮助他。简而言之，这是一种万无一失的搭讪技巧。

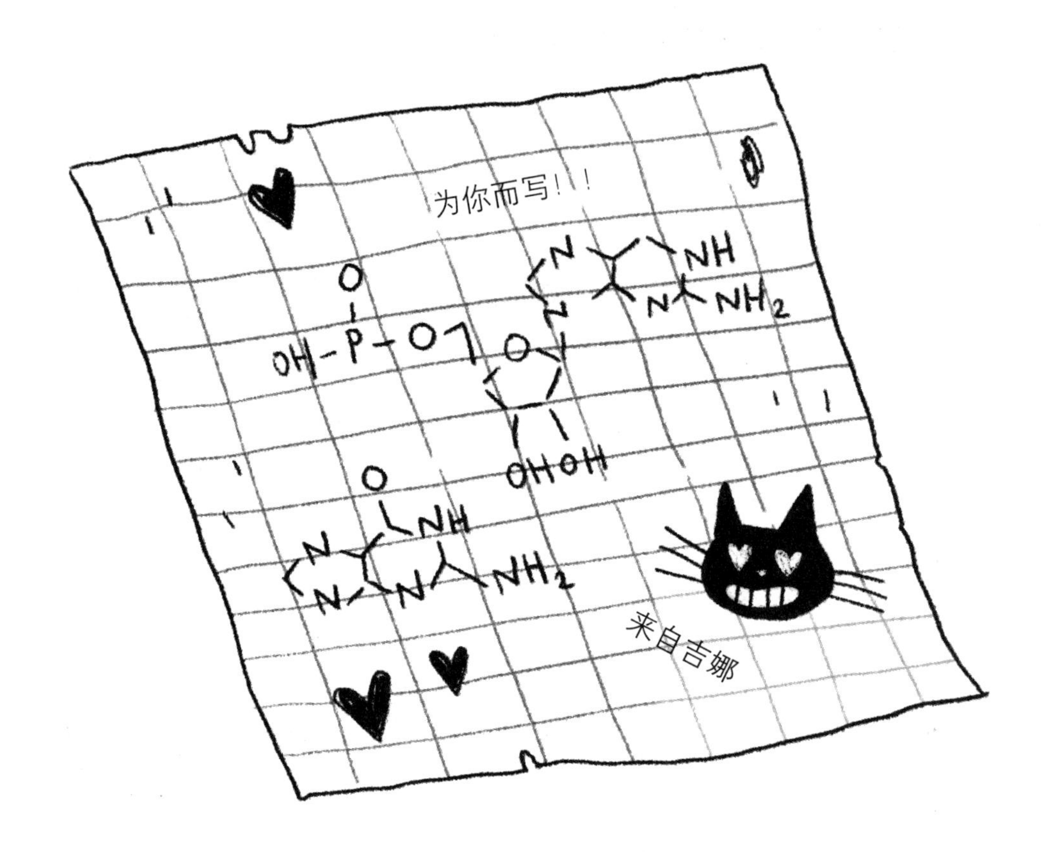

1.10 分子量

在学习了原子的质量之后，我们下面来学习分子量的概念。

好消息是，一个分子的质量只不过是组成它的元素的原子质量的总和。

下面我用化学术语说给你们听：

（也就是老师提问学生时最想听到的回答）

它被称为一种物质的分子量，即该物质所含原子的原子质量之和。

已经结束了吗？是啊！

例如，水分子的平均质量为18.015u。

也就是说，氢的原子质量是1.008u，氧的原子质量是15.999u，所以水的分子量是：

$$(2\times1.008)+15.999=18.015u$$

采用同样的计算方法，我们可以得到氯化锶$SrCl_2$的分子量P.M.：

$$87.62+(2\times35.45)=158.53u$$

多么笨重啊，这个锶……

第一章我就写到这里啦。接下来，如果你们想继续看的话，我们就要开始把各种分子混合在一起喽。

第二章

化学反应

2.1 化学反应和化学方程式

我们现在对这些分子有了更多的了解：你们认为它们会乖乖坐在自己的角落里吗？不！这些不安分的家伙，只要一有机会，就会互相亲热，或者用化学术语来说，彼此之间会发生“反应”。

事实上，两个原子之间的化学键很少能一直保持不变。或者说，这些“轻浮”的分子总是绞尽脑汁试图打破这些键，并试图与它们遇到的其他可爱的分子一起形成更多的键。

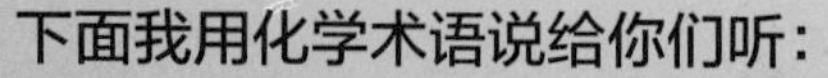

下面我用化学术语说给你们听：

（也就是老师提问学生时最想听到的回答）

化学反应是不同分子的原子之间的化学键断裂并形成新分子的过程。

下面我用化学术语说给你们听：

（也就是老师提问学生时最想听到的回答）

当两个分子发生化学反应时，就会产生新物质，新物质中的原子会以不同于原物质中的方式进行组合。

虽然可能在大家看来，这些“反应”是非常抽象的概念，甚至有点无聊，但你们要知道化学反应并不是遥远的概念，而是每时每刻发生在我们周围的现象。有些时候我们或许能发现和感受到，比如当我们煎牛排的时候，当我们扔掉过期的牛奶的时候，当我们清洗淋浴喷头上的水渍的时候，或者当我们骑自行车的时候。

然而，我们周围的大多数反应，我们往往都没有意识到，但我可以向你们保证：我们之所以能够呼吸、行走，能够消化、思考，感到压力，我们会变胖，上厕所，哪怕是我们现在读这本化学课本，尤其是我们开始了解和认识化学以后，这一切都伴随着化学反应的发生！

化学反应用公式表示出来就像一个数学方程式一样：左边是反应物，右边是生成物。只不过在方程式的中间，我们的化学家用的不是“=”的符号，而是“══”或箭头。本书用箭头，一来这样我们就可以和数学家保持距离，二来也可以让读者知道化学反应发生的路径和方向。

你们要学习的第一个化学方程式，是一个非常实用的化学反应，你们在家中就可以完成，这个化学反应就是如何从氢氧化锶［$Sr(OH)_2$］中制备出氯化锶（$SrCl_2$）。剧透一下：其实把它和盐酸（HCl）混合就可以了。

$$Sr(OH)_2+2HCl \longrightarrow SrCl_2+2H_2O$$

你们知道$Sr(OH)_2$这个符号表示的是什么吗？是不是表示锶与两组OH的结合？你们会不会觉得写成“HO—Sr—OH”更好？ 然而我们的化学家们用的是右下角带数字的圆括号。

让你们再欣赏一会儿我们第一个化学方程式的简洁明了：当然，我们本可以写成“一个氢氧化锶分子与两个盐酸分子反应形成一个氯化锶分子和两个水分子”，但是这样的话，同样的化学反应，我们至少需要一整行文字来叙述，而不是像上面的方程式一样用半行就写得很清楚了，而且，你们不得不承认，这半行看起来也更酷。无论如何，哪怕你真的碰巧就喜欢用长一些的版本来表示化学反应的过程，那也没关系。只是你说得晚了，因为所有已经写完的化学书都是用化学方程式写的。也包括这本！

2.2 质量守恒定律

既然大家都很聪明，那么你们可能已经注意到我在上面的这个化学方程式中配了两个盐酸分子和两个水分子。

这是因为我们必须遵守自然界中最糟糕的法则之一：质量守恒定律。这个定律告诉我们“物质既不会凭空产生，也不会凭空消失，它只是从一种物质转化为另一种物质”。

听起来熟悉吗？当然，因为这个定律可以解释很多现象，例如，为什么融化的冰淇淋不会消失（事实上，它通常是落在了干净的牛仔裤上），又或者为什么你永远不应该忘记遛狗时要带上装便便的小袋子。

我还想告诉你们：这一定律在化学中的主要应用是保证了我们将在反应的生成物中找到所有存在于反应物中的原子。相反的，没有出现在反应物中的原子是不会凭空出现在生成物中的。

完全不明白吗？好吧，我们重新开始，只写反应物和生成物：

$$Sr(OH)_2+HCl \longrightarrow SrCl_2+H_2O$$

如果我们现在分别数一下两种反应物中的所有原子的数量和这两种生成物中所有原子的数量，我们很快就会发现“一切必须守恒”。例如，由于生成物中有两个氯原子（两者都与锶结合形成$SrCl_2$），在反应物中也必须有两个Cl原子，只是反应物中的氯原子是与氢结合后以HCl的形式出现的。

如果我们现在数一下反应物中的氢原子和氧原子，我们会发现它们分别是4个和2个，所以我们必须在生成物的分子中找到它们。到目前为止它们有多少个？两个氢原子和一个氧原子，都在水分子里。那就容易了！我们所要做的就是把水分子的数量翻倍，这样你就得到了我们之前看到的化学方程式：

$$Sr(OH)_2+2HCl \longrightarrow SrCl_2+2H_2O$$

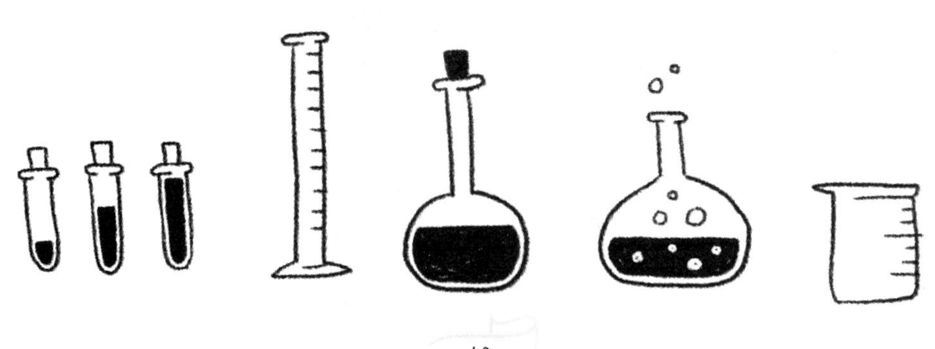

下面我用化学术语说给你们听：

（也就是老师提问学生时最想听到的回答）

当反应物中原子的数量和类型（在本例中，就是1个Sr原子、2个Cl原子、2个O原子和4个H原子）与生成物中原子的数量和类型相同时，化学方程式就被认为是平衡的。

配平化学方程式是需要慢慢尝试的。

这个过程的确如此：遵循着“吃一堑，长一智”这条同样也众所周知的定律，你们会一点一点地改变参与反应的分子的数量，让方程式达到平衡。顺便问一下，你们不觉得可以直接把它叫作分子数吗？事实上，化学家们已经找到了另一个令人毛骨悚然的好名字来表示这些分子之间的关系：这些可怜的数字被称为化学计量系数。

关于反应平衡的化学研究就被命名为化学计量学。为这个大煞风景的名字默哀一分钟。

2.3　摩尔

在本节中，我们将会讨论我们在化学中遇到的最难的（也是最最最无聊的）概念之一：摩尔。

大家现在应该都已经知道，通过研究化学方程式可以看出有哪些分子参与了化学反应，以及这些化学反应物是如何结合在一起形成生成物的。

例如，通常情况下，我们观察氢氧化锶和盐酸的反应，很快就能看出它的反应过程是：一个$Sr(OH)_2$分子与2个HCl分子发生反应，形成3个新分子，即2个水分子和1个氯化锶分子：

$$Sr(OH)_2+2HCl \longrightarrow SrCl_2+2H_2O$$

问题是，我们根本没有可能非常精确地把1个$Sr(OH)_2$分子和2个HCl分子混在一起。事实上，正如我们之前告诉你们的，这些粒子是如此之小，以至于即使是在虱子（虱子已经是众所周知的大家对于“微小”概念的技术定义了）的小屁股上最微小的毛发上的最微小的末端，也存在着庞大数量的这些粒子。

但这就是诀窍！我们不会去每次单独只测量一个分子的质量，而是取一定数量的分子，而这个数量就是一个精确的数字。

下面我用化学术语说给你们听：

（也就是老师提问学生时最想听到的回答）

化学家使用一个包含固定数量分子的单位作为分子的参考系统。

迷茫吗？哈哈哈哈！没关系，跟我们来，大家一起去超市看看。事实上，今天，皮帕奶奶决定亲自来款待我们，作为她的好孙子好孙女，我们要为她准备她最喜欢的菜。下面是食谱：松仁欧芹蛤蜊面。因为我们有6个人，我们需要618根意大利面、132只蛤蜊、186颗松果和36片欧芹。我们开始数吧，快点儿！

等一下：你们跟我说的意思是，要计算出客人每一口的量（也就是3根意大利面，1/2只蛤蜊，1/4颗松果和一小段欧芹）？你们可能会疯掉，所以你们选了一定数量的参考系统——1包意大利面，1袋蛤蜊，1袋松仁，1把欧芹——包含了足够喂饱你们所有客人的菜量。

孩子们，信不信由你们，化学家对化学元素使用的计量方法和你们在超市买食材时使用的方法完全一样，只是他们想出了一个特殊的袋子，里面都是有相同数量的粒子，每一种物质都装在这样的“摩尔”袋子里。通过这种方式，我们可以不用每次一个个去拆开它们，让每一个分子单独跟另一个分子进行反应，而是可以直接将一个摩尔分子的反应物作为一个整体进行反应，观察会发生什么现象。

然而，由于原子和分子的质量实在是小得夸张（我们在上一章已经取笑过它们，要用到幺克yoctogrammi这样数量级的质量单位），所以我们需要取大量的粒子，才可以用家中的秤给粒子称重。于是，我们决定一次性取出602200000000000000000000颗粒子（也可以写成6.022×10^{23}），也就是我们所说的数量为1摩尔（mol）的粒子。

下面我用化学术语说给你们听：

（也就是老师提问学生时最想听到的回答）

摩尔是物质的量的单位，每1mol任何物质（微观物质，如分子、原子等）含有6.022×10^{23}个微粒。

摩尔只不过是化学家用来计量原子和分子的小袋子。只是，与超市的袋子不同，相同摩尔数量的不同物质包含相同数量的微粒——原子、分子、离子、意大利面、蛤蜊等。

1mol的氧原子含有6.022×10^{23}个氢原子，1mol的HCl分子含有6.022×10^{23}个盐酸分子，1mol的Sr^{2+}含有6.022×10^{23}个锶离子……1mol的意大利面或蛤蜊分别含有6.022×10^{23}根意大利面和6.022×10^{23}只蛤蜊：不过，如何捞出意大利面，事实上不是个化学问题！

来吧，回到我们的主题，下面让我们把我们最喜欢的方程式写下来：

$$Sr(OH)_2+2HCl\longrightarrow SrCl_2+2H_2O$$

但是现在大家要注意一下，因为这一次，我们不是试图让一个$Sr(OH)_2$分子与两个HCl分子发生反应，而是让6.022×10^{23}个$Sr(OH)_2$分子与2倍的6.022×10^{23}，也就是12.044×10^{23}个HCl分子发生反应。

你们想象一下这是多么地混乱：每一个$Sr(OH)_2$分子都会与身边飞驰而过的12.044×10^{23}个HCl分子中的两个HCl分子结合在一起，形成1mol

的$SrCl_2$分子，并释放出2mol的H_2O分子。在反应结束时，也就是在所有6.022×10^{23}个$Sr(OH)_2$分子与12.044×10^{23}个HCl分子发生反应后，我们将会得到分散在家中的6.022×10^{23}个$SrCl_2$分子和12.044×10^{23}个水分子。你们看，多好的故事啊！

最糟糕的是，这个过程通常是在一瞬间发生的：每次我们点燃一根火柴，清洗伤口或染发，瞬间就会发生大量的化学反应。

你们看起来很困惑。也许我们需要来复习一下。

为什么摩尔必须是一个非常大的数字，关于这一点我们已经明白了：这只是化学家们为了管理这些微小粒子而不得不想出的一个秘密策略。因此，大约10^{24}个重大约10^{-24}g的颗粒总共重大约1g。

但摩尔能做的远不止这些。最酷的是我们刚刚写在这里的那三个“大约”。我们后面会讲到的，别担心。

2.4 阿伏加德罗常量

在1mol的任何物质中，都有6.022×10^{23}个这个物质的粒子。这不是一个随机的数字：它被称为阿伏加德罗常量，旧称阿伏加德罗常数，它与12g碳12原子的数量完全相同。

你们观察一下手中的铅笔：它的中心是由石墨制成的，石墨是碳12在地球上的一种存在形式。如果铅笔芯的质量正好是12g，如果有人去仔细数一数组成它的所有碳12原子，你会发现它的数量是602200000000000000000000，也就是6.022×10^{23}。

到这里，你们最好还是选择相信阿伏加德罗先生：生命太短暂，不能把它花在数一支铅笔的笔芯中的原子上……

大家要注意，因为这里指的是碳元素的同位素碳12原子。

碳元素的这个同位素原子我们在第一章中见过：你们还记得有传言说科学家们互相争论，最后又吵了一架，才选择了碳12作为原子质量单位的参考原子吗？稍等让我为你们重写一下定义。

下面我用化学术语说给你们听：
（也就是老师提问学生时最想听到的回答）

原子质量单位（u.m.a）为1.66×10^{-24} g，是碳12原子质量的十二分之一。

看在上帝的面子上，不要把你们的书扔在地上，而要像阿伏加德罗那样，只需要用两个“乘法”，就把我们从原子计量的困境中解救出来。但是请大家认真听我说，下面是最困难的部分。

下面我用化学术语说给你们听：
（也就是老师提问学生时最想听到的回答）

我们把一个摩尔单位的任何物质的质量称为该物质的摩尔质量（M）。

1mol的物质有多重呢？

取决于是哪种物质！

1mol的氢原子其实质量很轻，因为氢原子本身就很轻（一个氢原子的质子重1u或略重一些）；1mol的锶更重一些，大约是88u，因为锶原子比氢原子重；1mol的蛤蜊相比之下就重得可怕了（每个蛤蜊大约有10g）。

好了，让我们来耐心计算一下：某一元素的摩尔质量就是该元素的原子质量乘以1mol的原子的数量，也就是阿伏加德罗常量，即6.022×10^{23}。

但是大家还记得吗？我们是可以计算一个原子的质量的。要得到一个原子的质量，只需将原子的原子质量P.A.乘以1.66×10^{-24}g，也就是M=P.A.$\times 1.66 \times 10^{-24} \times 6.022 \times 10^{23}$。

我们试着来计算一下碳12原子的质量。

碳12原子的原子质量是12u，那么

$$12 \times 1.66 \times 10^{-24} \times 6.022 \times 10^{23}=12$$

等一下……什么意思？发生了什么？

所发生的是，摩尔的定义就意味着：1mol的某种物质的质量，以克为单位，在数值上等于该物质的原子质量（或分子量）。

这个奇妙的东西适用于所有的物质，仅仅是因为6.022×10^{23}和1.66×10^{-24}正好互为倒数，所以相乘可以得到1——你们不信，是吧？哈哈我好像看到你们拿起了计算器！

因此之前的方程式就变成：

$$M=P.A. \times 1=P.A.$$

下面我用化学术语说给你们听：

（也就是老师提问学生时最想听到的回答）

一种物质的摩尔质量等于该物质的原子质量（P.A.）或分子质量（P.M.），以克/摩尔（g/mol）表示。

*M*和P.M.之间的唯一区别就是测量单位不同：原子和分子的质量以u.m.a（也就是u）表示，摩尔质量是以克每摩尔（g/mol）表示。

例如，1mol锶原子的质量，即6.022×10^{23}个锶原子的质量，是87.62g，因为锶原子的质量是87.62u。同样地，氯化锶$SrCl_2$，分子量是158.53u，摩尔质量为158.53g/mol。

回到皮帕奶奶非常喜欢的蛤蜊上来：大家想象一下面前有一大堆蛤蜊，每个都重达10g。你们知道它们的分子质量是多少吗？答案是：$10g \times 6.022 \times 10^{23}=6 \times 10^{24}g$=600亿亿吨（1亿亿吨=1京吨）蛤蜊。

不得不说，把它们都煮熟是相当困难的。这也解释了为什么摩尔绝对不是厨师们最喜欢的测量单位。

哇！这简直是不可能的，但我们居然做到了。我们已经快学完摩尔的内容啦！去吃点冰淇淋吧，这是你们应得的。最重要的是，你们需要一些糖来启动你们的大脑，然后继续下一节的学习。在下面一节中，我们将会发现，到目前为止我们读到的所有有趣的东西到底有什么用。

2.5 摩尔和克

现在我们已经能够计算出1mol某种物质的质量了。我们终于也可以计算出一定克数的某种物质里所含的摩尔数了！梦想成真，对吧？

例如，如果你们祖母那件著名的金属锶小摆设的质量为43.81g，你只需要把它的质量除以锶原子的摩尔质量，就能知道它含有多少摩尔的锶原子了：

锶原子的摩尔数量=43.81g ÷ 87.62g/mol=0.50mol

一个漂亮的金属锶摆设含有半摩尔的锶原子！错！你们被骗了，这个小摆设实际上是由氯化锶制成的，那么它就含有43.81g除以158.53g/mol，只有0.276mol的$SrCl_2$。记住：卖金属锶摆设的卖家，他们是天生的骗子，永远不要相信他们！

一般来说，对于任何物质都适用的是：

$$n=\frac{m}{M}$$

式中，n为物质的量，以摩尔（mol）为单位；m为质量，以克（g）为单位；M为摩尔质量。

然而，这个公式反过来要有用得多，因为我们可以在知道n和M的情况下计算出m的值。

$$m=nM$$

事实上，化学家通常需要取用固定摩尔数量（n）的某种物质，来进行某种化学反应，因此你必须知道需要称多少克，因为不幸的是，他们还没有发明一种可以称出摩尔数的秤。

例如，我发誓这是我最后一次向你们展示这个化学方程式：

$$Sr(OH)_2+2HCl \longrightarrow SrCl_2+2H_2O$$

如果我们想要计算出在我们的这个反应中有多少克的氢氧化锶和多少克的盐酸混合在一起，以获得1mol的氯化锶和2mol的水，那么我们只需要计算出反应物的摩尔质量，在这个反应中就是$Sr(OH)_2$和HCl的摩尔质量，分别为121.63g/mol和36.46g/mol（如果你们不相信我可以自己算一下），便可以知道：

$$M_{Sr(OH)_2}+2M_{HCl}=121.63+2\times 36.46$$

因此，121.63g的$Sr(OH)_2$和72.92g的HCl通过相互作用形成：

$$M_{SrCl_2}+2M_{H_2O}=158.53+2\times18.01$$

也就是158.53g的$SrCl_2$和36.02g的H_2O。这个结果除了给我们带来一种巨大的内心满足之外，也验证了锶和锶化合物也遵循了至高无上的质量守恒定律：把194.55g的反应物（121.63 + 72.92）混合在一起，我们得到的还是194.55g（158.53 + 36.02）的生成物。

太棒了，不是吗？但乐趣才刚刚开始！

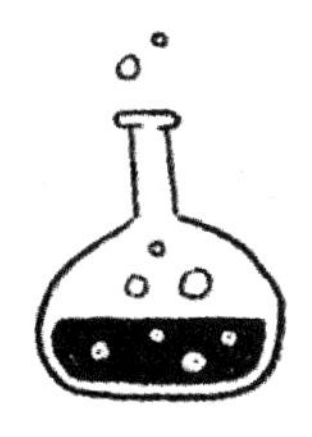

2.6 百分比组成

我们当中的很多人，至少有一次，都曾经带着焦虑不安的心情想过这样一些问题：水分子当中氢的比例是多少？碳酸氢钠中的碳含量又是多少呢？好吧，放轻松，因为解决这些关于“存在”问题的时候就要到了。

我们有你想知道的所有
秘密问题的答案哟！

一个分子中任何含有某种元素的百分比可以从它的化学式中分析得来。

我们再想想锶元素：我们已经看到1mol的$SrCl_2$分子（P.M.为158.53u）重158.53g，其中含有1mol的Sr（P.A.为87.62u），即87.62g的锶；加上2mol的Cl（P.A.35.46u），每摩尔重35.46 g。

哟哟哟哟，只要用上面这些信息就可以很快计算出氯化物中锶的百分比啦！

只需要用每摩尔$SrCl_2$分子中的Sr的质量除以每摩尔氯化锶的质量，也就是$SrCl_2$的摩尔质量，然后乘以100，可以得到一个百分比。用数字表示就是：

$$SrCl_2\text{中}Sr\text{的百分比}=87.62 \div 158.53 \times 100=55.27\%$$

你们不满意吗？我想是的，事实上，我想一定有人一直也在疑惑到底$SrCl_2$中有多少的氯。

简单：重复同样的事情，但不要忘记氯原子有两个。

$$Cl\text{在}SrCl_2\text{中的百分比}=35.46 \times 2 \div 158.53 \times 100= 44.73\%$$

是的，因为$SrCl_2$只由两种不同的元素组成，所以我们也可以通过从100%中减去55.27%来得到这个结果。恭喜大家，你们现在看起来状态满满！

是时候给你们一些奖励啦，这些是你们之前提出的问题的答案：水里的氢含量是11.19%，碳酸氢钠（$NaHCO_3$）中含有14.30%的碳。

你们也可以自己计算出这些结果：这个过程和我们计算$SrCl_2$中Sr元素含量的过程完全一样。

2.7 化学式和分子式

我知道，你们喜欢的女孩应该都对自己的头发护理很着迷。好了，现在你们可以通过炫耀自己的化学术语来赢得她的芳心，并向她解释如何通过分析洗发水的化学式来找出洗发水的百分比成分：她一定会拜倒在你的脚下！

不幸的是，这些物质通常没有自己化学式的标签。另一个原因是，实际上，反过来，通过某种物质的百分比组成来推断出它的化学式，这个过程其实会更有用。

事实上，几乎所有的侦探小说，时常出现的一个情节就是，神通广大的侦探在搜查犯罪地点时，找到地毯上的一个污点，然后露出一副严肃阴沉的表情和写满了“这是什么玩意儿”的眼神。然后，污渍被刮走，伴随着一句“立即送到法医那里”的台词，在法医那里，他们混合着各种装着冒烟溶剂的试管，热情地敲打着他们超级计算机上的键盘，最终宣布胜利的消息：“这是氯化锶！”事实上，他们通常会用更炫酷的名字，比如“1,3,7 –三甲基黄嘌呤”，尽管这只是咖啡因的化学名称。

事实上，你们应该知道，训练有素的法医和侦探们的很大一部分工作就是分析构成“可疑”分子的化学元素的种类和数量。但你们知道他们最常用的分析工具是原子吸收光谱仪吗？这不在我们这本书的学习范围里，但这是另一种你们可以用来给人留下深刻印象的专业术语。

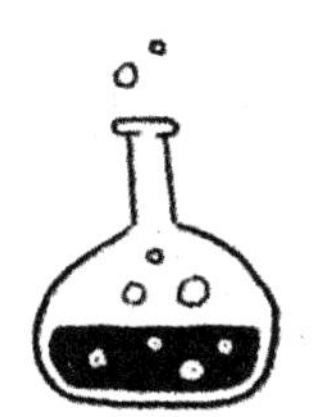

在剧情接近尾声时，侦探被告知地毯上的污渍是$SrCl_2$。因为根据法医的分析，该污点含有氯和锶，其成分为44.73%的Cl和55.27%的Sr。

法医是怎么做到的呢？其实没有比这更容易的了。在他们的超级计算机上，他们只是把氯和锶的比例除以它们各自的摩尔质量，直接得到了地毯上每100g的神秘污渍中Cl和Sr的摩尔数n的值：

$$n_{Cl}=44.73 \div 35.46= 1.26\text{mol}$$

和

$$n_{Sr}=55.27 \div 87.62= 0.63\text{mol}$$

上面的两个除法计算告诉我们，在100g的这种神秘物质中，有1.26mol的氯和0.63mol的锶，这意味着氯的摩尔数量是锶的摩尔数量的两倍。但是如果每摩尔都含有相同数量的原子（就像我们的朋友阿伏加德罗教给我们的那样！），那么污渍分子中氯原子的数量将是锶原子数量的两倍：结论就是这个污渍是$SrCl_2$！

顺便说一下：罪魁祸首当然是管家，他在银器抛光和家具除尘的时候，养成了收集氯化物的有趣“爱好”。

现在你们可以击掌欢呼了，因为你们刚刚学会了第一个化合物的化学式——也就是分子式——这是组成分子的元素的原子数之间最简整数比。

其实，我们之所以能这么快地解决这个“案件”，很大程度上是因为运气很好。是的，因为那个天才管家用的是同一种非常容易识别的分子弄脏了地毯，而且这种分子只由两个氯原子和一个锶原子组成。而事实上，一般的污渍斑点几乎不可能只由一种物质组成，如果真是这样的话，那么可能故事的发展又是另一番模样了。

事情的发展有时候，实际上几乎永远都是，不那么顺利的，因为分子中每个元素的原子数远比1个或2个多得多。例如，咖啡因的配方是$C_8H_{10}N_4O_2$！这和$SrCl_2$相比简直是一场噩梦。尽管如此，即使是面对复杂的分子，法医的工作仍然是一样的。

你们不相信吗？我展示给你们看：根据法医的分析，桌布上发现的另一个神秘的棕色污渍分别含有C、H、N和O这几种元素，含量分别为49.48%、5.19%、28.85%和16.48%。

还是使用我们的超级无敌计算机，把所有的原子摩尔数都计算一遍（如果你们真的想自己算的话，可以再检查一遍，反正你们现在也知道该怎么算了），我们发现这个组成对应的化学分子式是$C_4H_5N_2O$。

你们可能会说，这很有趣。那么现在我们做什么呢？现在让我们在网上看看这个分子式对应的是什么物质呢。比如，它可能是吡啶酸盐，一种奇妙的物质，摩尔质量为97.1，它的化学式就是这个。

然而，当我们准备跑去告诉那些侦探小说的主人公（他们腹中满满的骄傲就像塞满火鸡肚子里的食材一样）时，我们的合作者们给我们带来了更多的实验数据，这些数据告诉我们，分子的摩尔质量不是97.1，而是194.2，97.1的整整两倍。

天哪！那现在怎么办呢?

别担心。只需把$C_4H_5N_2O$分子式中所有原子的数目增加一倍，保持它们的数量比始终不变（也就是保持每个氧原子配4个碳原子、5个氢原子和2个氮原子），我们将会得到一个能够更清楚展示我们污渍中神秘物质的化学分子式。

在这种情况下，这个化学式就是$C_8H_{10}N_4O_2$，它可以表示数百种不同的物质，也包括1,3,7–三甲基黄嘌呤。

侦探在桌布上快速地一嗅也证实了我们的假设：污渍中含有1,3,7–三甲基黄嘌呤，也就是我们常说的咖啡因。

案子解决了：罪魁祸首仍然是管家，除了是一个强迫性的氯化物收藏家，他也是一个咖啡瘾君子。

回到正题：化学物质原子数之间的最简整数比可以和分子式一样，就像氯化锶一样。在其他情况下，分子式也可以是最简整数比的倍数，就像咖啡因一样。

最后，如果你们保证不会被吓走，我也给你们看看吡啶酸盐 $C_4H_5N_2O$和咖啡因$C_8H_{10}N_4O_2$的化学分子结构。我用不同颜色的笔来标出氮原子和氧原子，这样你们就能更好地看清它们。

你们要知道的是，多边形顶点的原子，如果没有特别标出来，就默认都是碳原子。事实上，对于如此复杂的分子，氢原子甚至也不应该全部写下来，以免把公式弄得一团糟。相信我，虽然看起来左边没有5个H原子，右边没有10个H原子，但它的确存在。这一点我们将在我们的第二册教材当中看到。

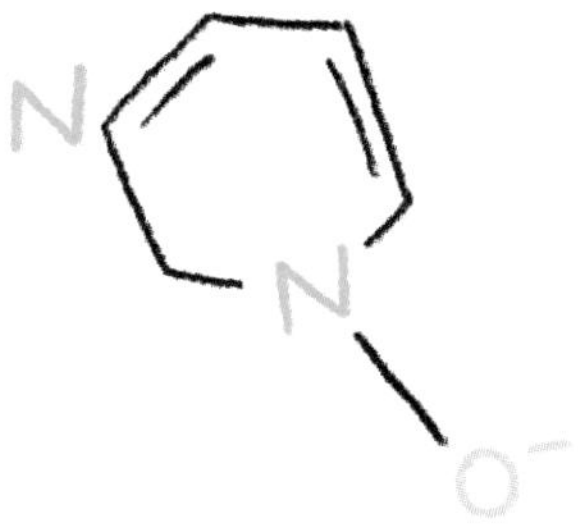

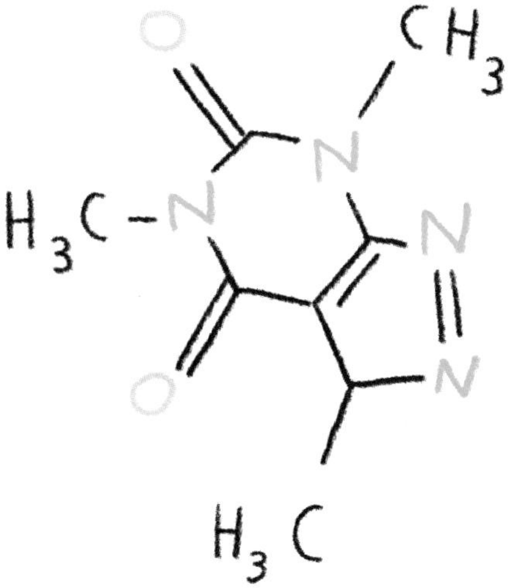

在这种极端的兴奋下，我想我们也可以把它写进第二章。我衷心祝贺你们没有被化学的无聊打倒！现在让我们从化学反应和计算中，特别是从锶和它的兄弟们中暂时抽离出来，花点时间冷静地研究一下物质的状态。

第三章

像空气一样轻

当物体呈现出气体的形态时，我们称之为“气态”。我们不得不承认：“气态”这个词儿听起来比“气体”高级多了。

3.1 气体的体积

让我们举几个气体的例子：

· 空气——真是个惊喜！

· 甲烷——妈妈给你们做最爱吃的薯条时要用到的气体。

· 二氧化碳——我们可不能忘记温室效应！

· 氯气——游泳池中的氯气？差不多吧。但是我们会在第二册的教材中看到它。

· 硫化氢——臭鸡蛋和……呃……放屁的气体。

它来了它来了，我们这一章的主角：屁！反正我知道你们刚刚读到“气体”这个词的时候就都已经想到了。

坦白一下：你们有没有在电梯里悄悄放过屁？别不想承认，逃不掉的：大家都能感觉到。而且是立刻、迅速地感觉到。然后大家都会盯着你，即使你故意转过头吹着口哨，假装什么都没发生，也无济

于事。

这是因为构成气体的分子不断地向各个方向移动，充满整个空间。在这种情况下，这个空间就是电梯，释放的气体迅速占据了空间里的全部体积。

下面我用化学术语说给你们听：

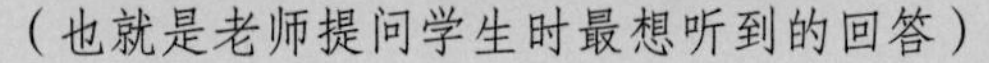
（也就是老师提问学生时最想听到的回答）

气体的体积被定义为粒子运动的空间。

难以置信，不是吗？

体积以立方米（m^3）计，$1m^3$等于1000升（L）。你们不记得了吗？该掸掸你们数学书上的灰尘了。

3.2 气体的压力

气体会占据空间内部所有可用的体积，当空间耗尽时，它们会与容器壁发生碰撞而压缩。每当气体粒子与容器壁发生碰撞时，气体也会产生推动容器壁的反作用力。所以气体与容器壁反复地碰撞，粒子便会产生一定的向外的压力。就像之前说的，人在电梯里或者在课堂上以及在教堂做礼拜的时候，忍不住放出的气体，它们真的很想从电梯、从教室里挤出去。

下面我用化学术语说给你们听：

（也就是老师提问学生时最想听到的回答）

气体的压力是气态粒子与容纳它的容器壁发生撞击所产生的压力。

在加油站，当工作人员检查摩托车轮胎的时候，他们所做的就是测量轮胎里面的气压。

以前，压力是用大气压（atm）为单位进行测量的：当一个人走在大街上时，他头上的气压或多或少就是一个大气压。

但由于化学家们也是“简单事情复杂化”的奥林匹克大赛的专家，他们想出了一些有趣的替代方案。我们为什么不用压力单位托（Torr）呢？不！最好还是用压强单位毫巴（mbar）吧。这真是一场持续不断的争论。

最后，科学家们达成了一致，显然，为了表示压力，他们选择了一种主要目的是恐吓未来学生的测量单位：帕斯卡（Pa，简称帕）。一个大气压相当于10万多帕斯卡，准确地说，是101325Pa。

放弃吧，孩子们。拿起你们信任的计算器，耐心地计算所有你们之后要进行的单位转换吧。

1atm=760Torr=1.01325bar=1013.25mbar=101325Pa

3.3 真实气体和理想气体

友情提示：穿好你们的大靴子，因为你们即将进入泥泞的海洋。别担心，我会把你们救出来的。

你们成功获得了观看国际科学家惊人冒险表演的前排座位，这些科学家在你们面前放屁、吹气球、打碎注射器、炸毁厨房，为的就是找到一条能够描述气体在不同压力、温度和体积下的变化规律！

我不会让你们的心悬而不决的：下面就是这许多冒险的最终结果。

$$pV=nRT$$

但是让我们从头开始，否则你们可能会错过所有的乐趣。

让我们先做一些简化工作。我们可以先发明一种理想的气体，也就是所谓的完美气体。不，这不是一种能满足你所有愿望的气体。这只是一个近似值，可以让计算变得更容易一些。

理想气体有四个特点：

1）与气体总体积相比，每个粒子的体积可以忽略不计。

举个例子，想象一下你的卧室里有蚊子。我知道这幅画面很恶心，但它可以给你一个非常直观的感受：蚊子相对于房间来说很小，就像理想气体中的粒子相对于气体总体积一样。

2）每个粒子的运动都是在没有任何优先方向的情况下的连续运动。

举个例子：你们还记得上学时候经常会有翘课的冲动吗？当你真的这么干了，你以为你会度过一个美好的早晨，却发现自己只是在市中心的街道上漫无目的地闲逛吗？

3）每个粒子都与其他粒子距离很远，不受到彼此的吸引力或排斥力的影响。

举个例子：爸爸妈妈决定一月份带你去海边旅行，因为冬天的大海是“浪漫，含蓄而诗意”的。而这个时候的海滩上，只有你们和其他一些绝望的人，幸运的是，他们基本上对你们视若无睹。你们注意到了吗?

4）如果两个粒子发生相互碰撞，碰撞是弹性的，没有任何能量的损失。

举个例子：正好相反的是，当你们一边走路一边在手机上跟喜欢的女孩专心聊天时，迎头撞到了一根电线杆。

为了帮助大家记忆，我们来总结一下理想气体的特性：四只蚊子，逃课后在海滩上游荡，撞上了一根电线杆。

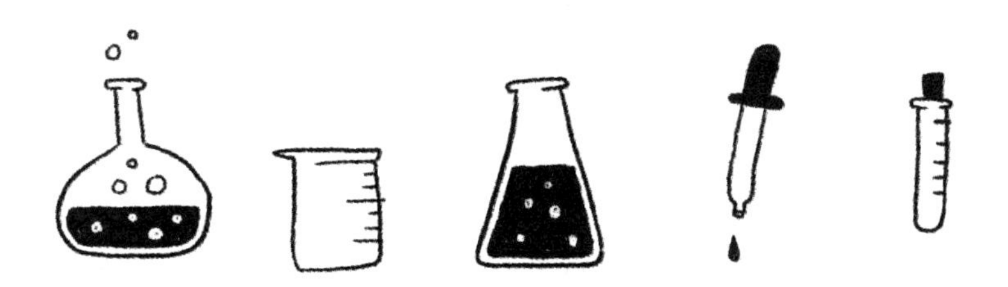

好消息是，许多更常见的真实气体，如氢气、氦气、氧气和氮气，它们的特性与完美气体非常相似。

3.4 压力、体积和摩尔

信不信由你，在几个世纪前，我们优秀的科学家常常花时间加热、压缩和膨胀他们能找到的所有气体。然后他们仔细地观察，并记录下发生了什么。

只是有时候，对付这些气体，即使你已经相当努力了，你也还是无能为力，做不了什么：

· 你可以加热或冷却气体——这意味着改变它们的温度T；

· 你可以将气体放置在不同大小的容器中——改变它们可以占用的空间体积V；

· 你可以压缩或扩大气体——改变它们的压力p；

· 你可以添加或减少气体，或者在极端情况下选择另一种气体——改变粒子的数量或更换使用的气体。

事实上，古代的科学家们一直在进行上述四项实验中的一项或多项。

不幸的是，Xbox（微软开发的家用游戏主机）的发明离他们还很遥远。

他们发现的第一件事是，他们使用的气体越多，占用的空间就越多。

你们也许会认为，这是多么了不起的发现啊！今天，要发现这个规律，我们所要做的就是给气球充气，我们就会发现往气球里充气越多，气球的体积V就越大。

但是如果我们去加油站给轮胎打气，轮胎的体积就不会增加。

不过轮胎的压力p会不断增大。如果轮胎的压力太低，你必须往里面注入更多的空气。如果轮胎的压力太高了，我们就得把空气放一些出来，这样就可以避免骑摩托车的时候，一碰到路上坑坑洼洼的地面就会颠来颠去了。

几个世纪前，这是一个惊人的发现，尤其是当你想到他们是在没有气球和轮胎的情况下认识这个规律的。

用真正的化学家的话来重复一下我们刚才说的。

下面我用化学术语说给你们听:

(也就是老师提问学生时最想听到的回答)

气体在一定体积和温度下施加的压力与气体分子的数量成正比。

气体在一定压力和温度下所占的体积与气体分子的数量成正比。

下面给大家看几个公式来理解一下：

$$V=kN$$
$$p=kN$$

又或者：

$$V/N=k$$
$$p/N=k$$

注意k，这是一个常数，是一个数字。这些小公式告诉我们，你只需要用分子的数量N乘以某个常数k，就能得到这些分子所占用的体积。

如果你不想直接写成比例的形式，你也可以写成$V \propto N$和$p \propto N$，这是你在数学中使用的缩写。

为了保险起见，我想补充的是，接下来公式中的每一个k都是一个不同的数字。你甚至不需要知道它是多少，但重要的是要知道只有一个数字k直接把V和p与分子数量N相关联，而不是与N的平方或立方或其他更加奇怪的值。

如果V和p不是与N成正比，而是像下面这样，我们所认识的世界将会大不相同：

$$V（或p）\propto 3\sqrt{\log（1/N）}$$

3.5 阿伏加德罗原理

阿梅代奥·阿伏加德罗是一位生活在19世纪早期的意大利科学家。我们之前已经通过以他的名字命名的常量N_A认识他了。在关于气体的这一章中，他再次成为我们的头号人物，因为，是的，他还发现了另一件很酷的事情。

我们的阿伏加德罗在不同颜色的“容器”中加入了不同的气体（他选择了氢气、氧气和氮气，但我很确定如果是放入屁的话也是可以的）。如果当时气球已经被发明出来了，他肯定会用气球的，但你们看看，实际上他用的是……

阿梅代奥给他所有的“容器”充气，使它们大小相等（即保证所有的气体的体积都为V），然后分别测量容器内部气体的质量，并计算每个容器内气体的摩尔数。你们还记得如何用质量m来计算摩尔数n吗？

$n=m/M$，你们太棒了！

所以，阿伏加德罗意识到每个气球里的摩尔数都是一样的，不管里面是什么气体，于是他带着胜利的表情写下了他的发现。

下面我用化学术语说给你们听：
（也就是老师提问学生时最想听到的回答）

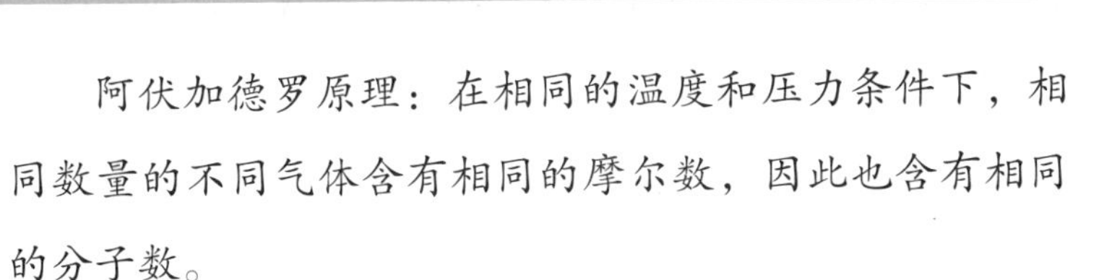

阿伏加德罗原理：在相同的温度和压力条件下，相同数量的不同气体含有相同的摩尔数，因此也含有相同的分子数。

事实上，单位摩尔气体中的分子数N总是一样的，就等于阿伏加德罗常量N_A——我们在上一章看到的那个有很多0的那个常量。你们应该还没有忘记吧，对吗？

在阿梅代奥的帮助下，我们现在可以修改前一段中出现的公式，将大写的N替换为小写的n，最后得到：

$$V=kn$$

$$p=kn$$

又或者：

$$V/n=k$$

$$p/n=k$$

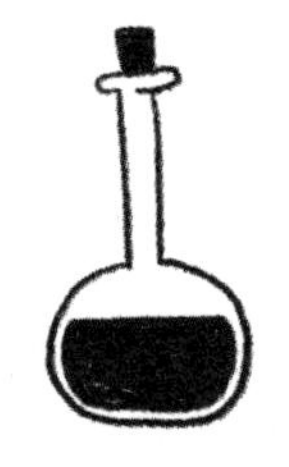

3.6 摩尔体积

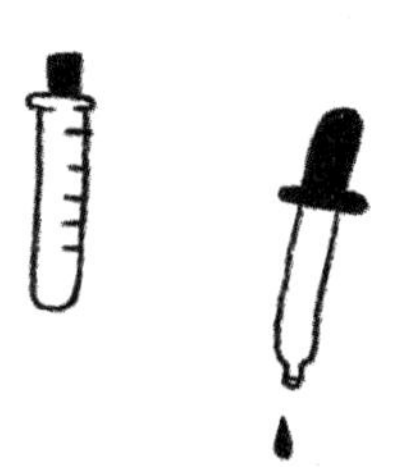

但我们的朋友阿伏加德罗是一个化学忍者：势不可挡！他还没有写完他的原理，就已经决定测量在正常条件下单位摩尔气体（任何气体）的准确体积。这个正常条件指的是温度为0℃，一个标准大气压的情况。为什么阿梅代奥选择了一个如此寒冷的“正常条件”？谁知道呢，也许他有冰岛血统吧……

经过无数个日日夜夜的充气、压缩、计算和实验，阿梅代奥得出结论，这个体积值是22.4L。他称之为摩尔体积V_m，因为它是1mol气体所占的体积。你们别这样看着我，我之前就告诉过你们，生活在19世纪的人类娱乐活动很少的。

下面我用化学术语说给你们听：
（也就是老师提问学生时最想听到的回答）

在正常情况下，即在0℃的温度和1标准大气压的压力条件下，1mol气体的体积为22.4L。

3.7 恒定温度下的变化

在科学家们开始关注气体实验之初，他们就热衷于使用注射器做实验。（严格意义上来说，他们使用的是没有针头的注射器：毕竟他们是化学家，不是疯子！）有一天，当波义耳先生（Robert Boyle，爱尔兰科学家）摆弄着他的注射器，用手指堵住注射器针口的时候，他突然发现，当他推动活塞时，注射器里的空气量减少了。

啊，好吧！你们一定也会发现的……

但是我向你们保证，波义耳先生是一个伟大的观察员。当然，在三个世纪以前，成为一名科学家是一件非常棒的事情：因为当时几乎没有出

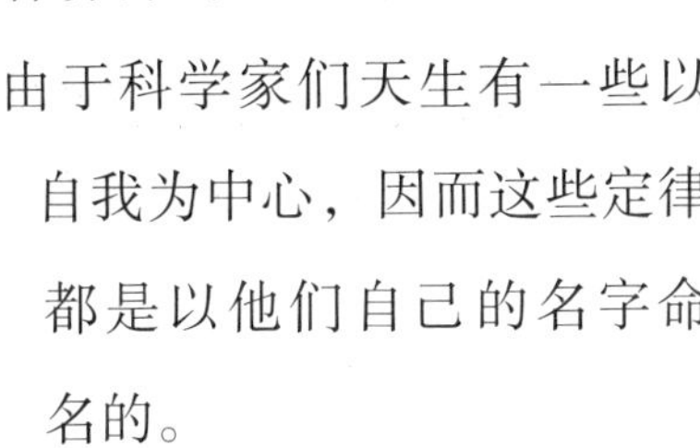

现什么科学发现，几乎每次实验都很容易得到一些新的物理定律。由于科学家们天生有一些以自我为中心，因而这些定律都是以他们自己的名字命名的。

事实上，当波义耳先生停止推动活塞，但仍保持手指堵住注射器针口，他发现：随着气体体积的增加，气体对墙壁施加的压力逐渐减少。最后，波义耳先生终于把他的手指从注射器上移开，开始撰写一些很难的定律。

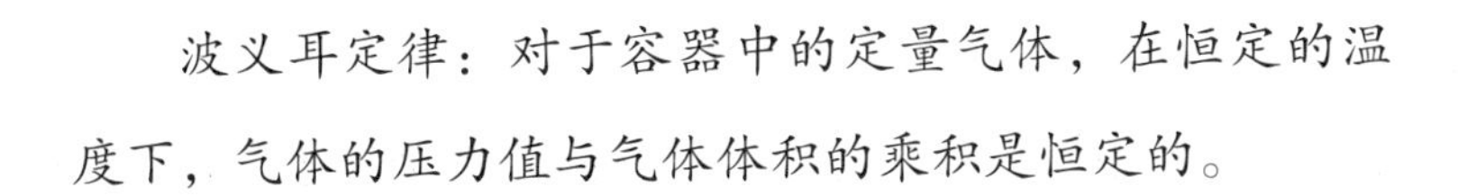

下面我用化学术语说给你们听：
（也就是老师提问学生时最想听到的回答）

波义耳定律：对于容器中的定量气体，在恒定的温度下，气体的压力值与气体体积的乘积是恒定的。

$$pV=k$$

或者说：

下面我用化学术语说给你们听
（也就是老师提问学生时最想听到的回答）

在恒定温度下，定量气体所承受的压力与它所占据的体积成反比关系。

$$p=k/V$$

是的，你们说得对：这两种不同的方式说的其实是同一个内容。

3.8 恒定压力或恒定体积下的变化

到目前为止，所有的科学家都是在恒温条件下，观察气体的压力和体积的变化。

这就是波义耳发现$pV=k$的方式，并且他为此感到特别自豪。这种变化其实是一种等温变化，因为这种变化发生的温度总是恒定的。

但是现在是时候让屋子里暖和起来了，让我们生个火吧。我们把这个任务交给雅克·查尔斯和约瑟夫·路易斯·盖伊·卢萨克。

这两位勇敢的法国科学家选择了最普通的气体——空气。他们发现，如果加热空气，空气的体积就会增加。相反，如果冷却空气，空气的体积就会减少。

因为他们没有用盖子把装满气体的容器封上，所以容器中的气体压力一直保持不变。因此这种变化就是等压变化。

查尔斯试图弄清楚温度每升高1℃，气体的体积会增加多少。经过几个月的埋头苦读，消耗了大量的蜡烛和纸张，他终于研究出来，温度每升高1℃，气体体积会增加0.00366L！

因此加热1L空气，当温度升高1℃时，它的体积将变成1.00366L。

很神奇，不是吗？但更令人惊讶的是，1除以273就等于0.00366。

下面我用化学术语说给你们听：
（也就是老师提问学生时最想听到的回答）

在保持气体压力恒定的情况下，当温度上升1℃时，气体所占用体积的增加相当于在0℃下气体所占用体积的1/273。

$$V_t=V_0+V_0t/273$$

其中，V_t和V_0分别表示气体在某一温度值t下和0℃条件下的体积。

好吧，现在我要试着向你们解释这一切的实际意义，因为我在你们头上看到了一个巨大的问号！你们知道热气球吧？你们有没有想过热气球下面那些燃烧器到底是干什么用的？我相信你们现在应该明白了，但是因为我是一个非常善良的人，所以我还是会给你们写下来：他们用燃烧器给空气加热，这样空气体积就会增大，热气球就会膨胀，最后缓缓升入高空。

太酷了，不是吗？

与此同时，你们一定觉得盖伊·卢萨克为他的同胞和民族留下了巨大的荣耀？事实上，他想做的还有很多，因此他把气体放在一个固定体积的容器里，也就是说这个容器的体积是无法增加的。因为他生活的年代是19世纪初，当时轮胎还没有发明出来。那么，作为轮胎的替代品，还有什么比一个盖着盖子的罐子更好的呢？然后盖伊·卢萨克开始给容器加热，看看发生了什么，他注意到容器没有像热气球一样膨胀起来，但过了一段时间，盖子被冲开了：随着温度的升高，容器的体积变大，内部空气压力就会增加。给你们一个小建议：显然盖伊·卢萨克太太对她丈夫做的这些实验很有耐心，但是我们不能保证你们的妈妈也会有同样的宽容。所以，请大家远离厨房和锅碗瓢盆。

这就是你们化学老师所说的等容定律因为体积是恒定的，至少在盖子被弹开之前是这样。

因此，盖伊·卢萨克从查尔斯的恒压变化定律中汲取灵感（其实就是抄袭），写下了这样的定律：

嘭！

下面我用化学术语说给你们听:
（也就是老师提问学生时最想听到的回答）

在保持气体体积不变的情况下，温度每上升1℃，气体压力将会增加p_0（在0℃温度下气体所施加的压力）的1/273。

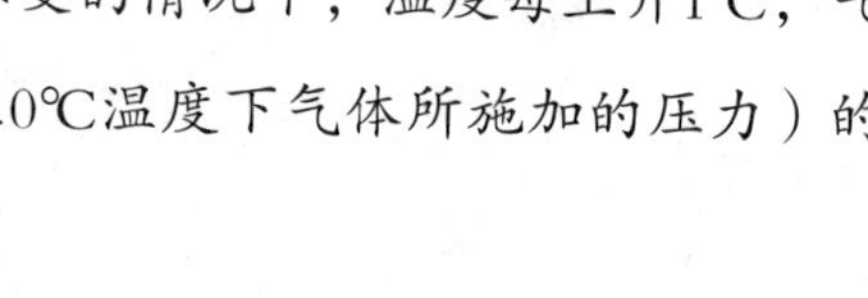

$$p_t=p_0+p_0t/273$$

注意！1/273的值在等压定律和等容定律中都是一样的。如果老师真的想吹毛求疵，那就随口告诉他，比例系数的精确值其实是1/273.16。

我们来总结一下这两个“法国定律”:

下面我用化学术语说给你们听:
（也就是老师提问学生时最想听到的回答）

如果我们保持压力恒定，加热气体使其温度升高1℃，它的体积会增加1/273。

如果体积保持不变，加热气体使其温度升高1℃，气体压力增加1/273。

当然，如果我们不加热而是冷却气体使其温度降低1℃，气体的体积或压力也会相应地减少1/273。

好的，这个我们也完成了。

在我们继续之前，让我们对查尔斯和盖伊·卢萨克在寻找他们伟大定律的过程中炸毁的所有法国化学实验室致以崇高的敬意和深深的同情。

3.9 热力学温度

下面我们要迎接一个很难的概念了，你们准备好了吗？很好，在这一章中，你们将会看到英国人开尔文，一个甚至不需要摆弄气球或罐子就能出名的科学家！

开尔文继续沿用了“法国定律”的内容，只是改变了用来测量温度的标准和单位。

让我来解释一下：开尔文用来测量温度t（我们用小写字母t来表示温度）的单位不是我们每天都会使用到的摄氏度(℃)，不是那个0℃时冰会融化、100℃时水会沸腾的摄氏度，而是用热力学温度来表示的开氏度，我们用大写的T来表示。

我的意思是，开尔文发明了他自己的温度标准，也就是，冰融化的温度是273K（273开氏度），水沸腾的温度则是373K（373开氏度）。

现在你们可能会想：开尔文是个十足的白痴吗？事实上，他是一个真正的天才，因为当我们用开尔文温度来测量温度时，盖伊·卢萨克和查尔斯的定律会变得更加简单：

$$p=kT$$

$$V=kT$$

或者：

$$p/T=k$$

$$V/T=k$$

那么，如何实现这两个单位之间的转换，其实这不太难，大家可以放心。你们可以自己算出来，那你们就太棒了！或者你们也可以参考一下你们的“官方教材”，那也已经很好了。

但是你们要知道，没有什么比0K更冷的了。绝对没有，我向你们保证，甚至在雅库茨克（世界上最冷的城市）也不行，尽管那里的冬天真的非常非常非常冷。

孩子们，我再重申一遍，开尔文是个非常伟大的人：他发明了一个没有负值的温度标准。事实上，热力学零度（0K）相当于–273.16℃，应该是理论上可能的最低温度了，但是目前还没有在现实中达到。

我知道你们肯定想知道在0K的时候到底会发生什么。

可以肯定的是，没什么特别的：只是我们的气体体积和压力都会变成

0，这意味着组成它的粒子将没有任何能量来移动和撞击容器的器壁。

可惜没有能量和体积，就没有粒子。

如果我们想象一下热力学零度以下的温度，那就太疯狂了。气体粒子的体积和压力将会变成负的，这样的条件是荒谬的，在自然界中没有任何意义。

至少在我的世界里是这样。

3.10　理想气体的状态方程

加油加油，快结束了。不，不，不，我们还没有学完这个大纲，但是我们可以结束关于气体学习的章节了。

在这一节的开头，我们先来总结前面学过的关于体积的知识。

· 阿伏加德罗原理：$V=kn$，因此$V \propto n$。“成比例”的符号是这样写的$\propto$，你们还记得吗？

· 波义耳等温定律：$V \propto 1/p$

· 查尔斯等压定律：$V \propto T$

那么：

$$V \propto nT/p$$

因此，

$$V=\text{常数}nT/p$$

我们把这个常数称为“通用气体常数”，这是一种谦虚的叫法，因为没有直接用我们的朋友R的名字来命名，这样他就不会太自大了。

我重新写一下：

$$V=RnT/p$$

由此：

$$pV=nRT$$

其中，p是压力值；V是体积值；n是气体的摩尔数；T是温度值，以开氏度为单位进行测量。

这就是理想气体的状态方程，适用于理想气体的任何变化。

如果我们把压力作为参考，我们会得到完全相同的结果。

大家仔细观察：

· 阿伏加德罗原理：$p \propto n$（见上一段）

· 波义耳等温定律：$p \propto 1/V$

· 查尔斯等压定律：$p \propto T$

$$p=\text{常数}nT/V$$

由此：

$$pV=nRT$$

很遗憾地告诉大家，这是你们必须记住的一个公式。

下面让我们卷起袖子，开始使用它吧。

为了增加一些乐趣，让我们计算一下在正常情况下，也就是在标准大气压和0℃的情况下（冷得要命，就像阿伏加德罗喜欢的那样），1mol气体的R值。

你们只需要把方程颠倒过来：

$$R=pV/(nT)$$

然后我们把这个公式中的所有值都替换掉：

$$R=1.013\times22.4\div1\div273=0.08331\mathrm{bar\cdot L/(mol\cdot K)}$$

但如果你想在标准大气压下表示压力值，那么常数R的值将是0.0821。哦，奇迹中的奇迹。

$$R=1\times 22.4\div 1\div 273=0.0821\text{atm}\cdot\text{L}/(\text{mol}\cdot\text{K})$$

好了，这一章真的结束了。

你们现在都是气体和气态方面的专家了，拜托大家，如果你们一定要在电梯里放屁，千万别被发现！

第四章

进入液体状态

你们是不是以为，讲完气体的状态，下面应该说说水的状态，也就是“水态”？

其实不是这样的，化学里面是没有“水态”这种说法的。

不过你们可以放心，我们用的是一个非常好记的化学名词——液态。

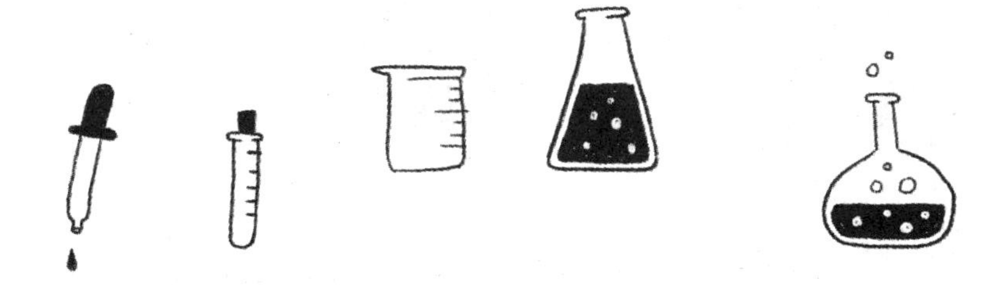

4.1 液体的性质

我们先从几句看起来显而易见的道理说起，但我相信你们的化学老师会希望你们记住的：

下面我用化学术语说给你们听：
（也就是老师提问学生时最想听到的回答）

液体没有它自己的形状，而是随着容器的形状而变化。但是，液体有它自己的体积，并且它是不可压缩的。

大家需要记住的一件重要的事情是，不管压力p发生了什么，液体的体积V是恒定的。事实上，如果你把气球装满水，使劲挤，什么也不会发生。最多也就是挤破后喷你一脸水。

当18世纪的科学家们意识到他们在推动装满水的注射器活塞时，根本无法避免全身湿透的结果，于是他们很快就开始了其他可以和液体和平相处的有趣发现。

好消息是，科学家们没有给我们留下什么理想液体定律。你们懂的，$pV=nRT$对液体是不起作用的。你们可以忘掉这个公式。什么，你们早就不记得了？

你们……很好……

坏消息是，尽管如此，这一章的内容也不会在十行之后就草草结束，所以现在我要开始说说别的内容了。例如：

下面我用化学术语说给你们听：
（也就是老师提问学生时最想听到的回答）

就像气体中的粒子一样，液体中的粒子也在不断地移动，占据它们所能得到的所有体积。

只有这些粒子留在液体内部，而不会像气体粒子一样到处飞，因为它们不能完全分解连接它们的力，也就是所谓的分子键。

就好像你们的妈妈又一次唠叨你们的家庭作业时，你们砰的一声夺门而出。通常情况下，在你们感到内疚之前，你们能走到的最远的地方也就是楼梯平台而已：妈妈永远都是妈妈，你们之间的关系很难被打破！

但是如果你们和妈妈吵架之后，一个人跑出去，去迪士尼乐园玩了两个星期。那么你们就得发挥一些想象力来理解一下，这是液体的什么行为。

你们可能会想到蒸发，好的，这就是我们下一个话题。

4.2 蒸发

不是组成液体的所有粒子都拥有相同的能量：有些粒子的能量较低，我们称之为“平静”粒子；而其他一些能量很高的粒子（“破坏”粒子），它们能够在瞬间打破这些把它们与其他粒子相连接的分子键，从液体中逃离出去。

当这些非常活跃的“破坏”粒子位于液体内部时，它们会立即被周围的“平静”粒子淹没而同化，恢复到平静的状态，返回原本的位置。

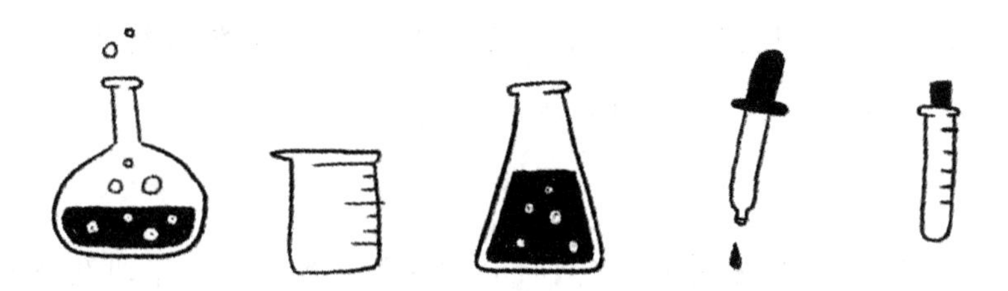

然而，如果一个“破坏”粒子恰好位于液体表面的位置，周围几乎没有任何的“平静”粒子，那么“破坏”粒子就会从液体中逃离，进入蒸气状态。终于可以自由自在地去迪士尼乐园玩耍了。

在沸腾温度条件下，物体从液体状态过渡到蒸气状态的过程称为蒸发。之后，当蒸气遇冷又变回液体时，这个过程就是液化。

下次你们洗澡的时候，我想请你们观察一下雾气缭绕的浴室，这其实是水蒸发而产生的水蒸气。你们有没有注意到镜子上也蒙上一层厚厚的雾？这是因为水蒸气遇到冰冷的镜面发生液化又重新变成水滴：你们看到的其实是冷凝水！

明白了吗？如果你们的姐姐抱怨你们洗澡花了太长时间，你们现在可以理直气壮地回答说你们正在完成一项伟大的科学实验。

4.3 饱和蒸气

大家请注意，浴室是进行液体试验的理想场所。现在，别傻笑了，按照这些简单的指示去做：关闭好门窗，跳进浴缸里。现在，在热水充满浴缸的过程中，观察上升的水蒸气。是不是特别放松？

你们要记住：因为蒸发影响的只是液体表面的分子，因此液体暴露的表面积越大（也就是说，家里的浴缸越大），液体进入蒸气状态的速度就越快。到目前为止，这是毫无疑问的。

然而，突然间，外面排队等着洗澡的人，在苦苦等待了好几个小时之后，忍无可忍把总水阀给关上了。你们惊吓地大声叫喊，但同时你们也发现，多亏了他们的介入，你们正在进行另一个重大的科学发现：水蒸气凝结在水面上，又逐渐回到液态。

与此同时，其他的水分子变成水蒸气，飞向天花板。所有的水分子都在你们的周围运动着，直到在某一时刻，蒸发的粒子的数量和凝结的粒子的数量是一样的。

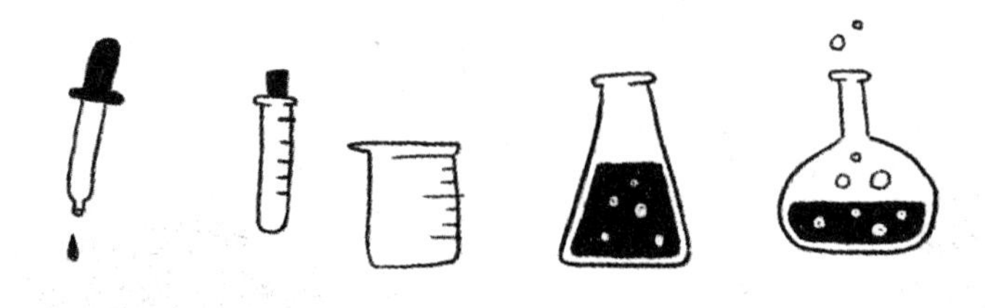

孩子们，我想让你们知道，你们刚刚目睹了一种动态平衡的形成：一种由两个相反的过程（液化和蒸发）以相同的速度进行而维持的稳定平衡。

下面我用化学术语说给你们听：
（也就是老师提问学生时最想听到的回答）

与同种物质的液体处于动态平衡的蒸气被称为饱和蒸气。

在达到饱和状态时，你们浴室里的蒸汽含量是可能存在最大含量的：因为只要有一个液态水分子进入蒸汽状态，就会有另一个蒸汽水分子变成液态。

不过现在还是请大家抓紧从浴室里出来吧，外面可排着队呢！

4.4 蒸气压力

根据我们刚刚所看到的，装在容器里的液体是不会老老实实待在那里的。虽然看起来似乎什么都没发生，但实际上有些粒子已经蒸发，开始以蒸气的形式飘浮在空气中。

现在，我们假设教授要求你们计算出：在给定温度下，封闭容器中，一定摩尔的液体化合物中所产生的蒸气压力有多大？

不要惊慌：蒸气是气态的（你们不会真的以为已经摆脱气态的章节了吧？），所以你们仍然可以用$pV=nRT$这个公式！每种液体都有自己独特的蒸气压力。最容易蒸发的液体将具有更大的蒸气压力，也称为“蒸气张力”。那些宁愿保持液态也不变成气态的液体会产生较小的蒸气张力。

我知道你们一定在想：有没有一种简单的方法可以判断某种物质是更倾向于保持液体状态还是更容易变成蒸气状态。事实上，简单的方法是不存在的，我们能做的就是扮演侦探，寻找蛛丝马迹。

首先，你们要记住，在同类的物质中，分子量越小的物质越容易蒸发。在甲醇CH_3OH和乙醇CH_3CH_2OH之间，分子量更小的是甲醇，它有更大的蒸气张力，会最先蒸发。

然而，不幸的是，也有许多例外。例如，酒精的分子量相当大，比分子量非常小的水分子更易挥发，这是因为连接水分子的分子键比酒精的分子键结合力更大。

事实上，关于这一点并没有明确的规则，但是根据你们到目前为止对蒸发的了解，你们可以押上你们所有的游戏机来打个赌，爸爸忘记盖盖子的那瓶杜松子酒一周之后就会变空。

尤其是如果你们叔叔也特别喜欢偷偷喝酒的话。

相反地，一瓶水盖子打开几个月少不了多少，无论你们叔叔有没有在房子里晃来晃去。

下面我用化学术语说给你们听：

（也就是老师提问学生时最想听到的回答）

分子之间的分子键越强，分子就越难以获得足够的能量来分解和蒸发，液体的蒸气压力就越小。

听着，其实为了保证液体蒸发，有一种有效的方法，那就是加热它。

事实上，随着温度的升高，很多的粒子都会获得足够的能量来打破与其他粒子之间的分子键，从而进入蒸气状态。

这就是为什么每个星期天皮帕奶奶为你们准备的西兰花在煮的时候会闻起来更臭。

B
迪奥真我香水。

同样的原因，当你选择香水时，你把它喷在手腕上，然后摩擦手腕。在香水接触到你的皮肤时，它也会因摩擦而加热，香水的蒸气张力会增加，所以就有越来越多的气味颗粒飞向你的鼻子。

我们来总结一下：

下面我用化学术语说给你们听：
（也就是老师提问学生时最想听到的回答）

液体的蒸气压力随温度的升高而增大，随质量的增加和分子键强度的增大而减小。

4.5 沸腾

来吧，孩子们，我们这一章也快结束了！

我们之前已经发现：在某些特定的条件下，只有暴露在液体表面的“破坏”分子才会发生蒸发现象；而且，如果其中一个气态分子进入到液体内部，它会立刻受到来自围绕在它周围的“平静”液体分子的压力。

我们暂时撇开“平静与破坏”的分子比喻不谈，大家试着想象一下，当你试图在高峰时间从拥挤的公共汽车上挤下来的时候。为了能够顺利下车回家，你们必须先挤到门口的位置，也就是液体和空气的交界面。只要挤在你们周围的人都同意，那么挤到门口还是有可能的。

现在我们试着给“巴士”加热，当然是理论上的加热！当液体温度升高时，蒸气压力就会增加。在继续加热的过程中，当温度达到一定程度时，液体内部的蒸气压力将与外部压力相等。

在这个温度下，液体内部的分子也会发生蒸发现象：形成的“破坏”蒸气不再受到来自“平静”粒子的压力，因为蒸气内部的压力和外部的压力是一样的。这种状态就是我们所说的液体的沸腾。

下面我用化学术语说给你们听：
（也就是老师提问学生时最想听到的回答）

当液体的蒸气压力与外部压力相同时，液体就会沸腾。

沸腾影响整个液体，而不仅仅是它的表面，蒸发也是一样。如果你们

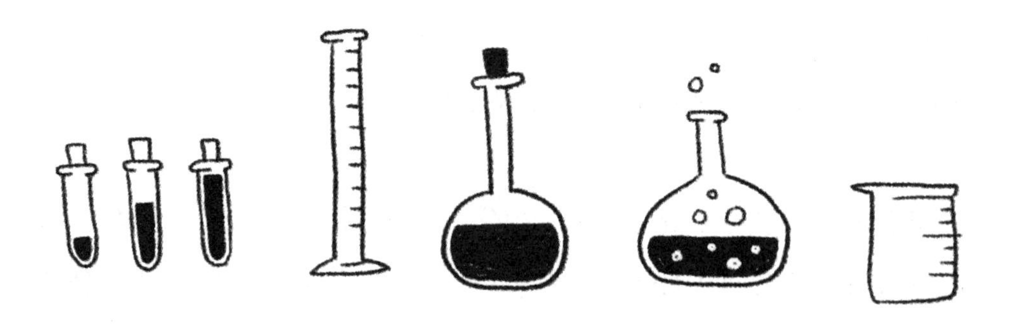

愿意的话，你们可以把沸腾看作是液体的完全蒸发，当液体达到沸腾温度时就会发生这种完全蒸发。

这就像是，用火去烧公共汽车，创造出成千上万的出口一样。尽管那

样很方便，但是你们不是液体。即使你们还未成年，如果你们真这么做了，你们可能在还没学会说 H_2O之前就被关进监狱了！

4.6 沸点

总结一下前面几个小节：为了使敞口容器中的液体沸腾，我们需要加热液体，直到蒸气压力达到大气压的值，我们要达到的温度叫做沸点。我希望，到目前为止，大家都听懂了。

反问句：难道液体的沸点都一样吗？

回答：别做梦了，不可能！沸点是会变化的。

痛苦的问题：什么时候会改变呢？变化有多大？如何变化？为什么会变化呢？西兰花呢，也会变化吗？

好吧，让我们慢慢来，不要惊慌。

是不是我们看着它，它就会有所变化？

不。“你看着锅的时候它从不沸腾”是一句没有科学依据的谚语。数百项非常彻底的研究清楚地表明，即使你们一直站在那里盯着水看，水也不会因为沸腾而感到羞耻。

还是随着液体的种类而变化？

是的。如果液体非常不稳定，也就是说，如果液体的蒸气压力很高，那么只需要稍微加热，液体就可以沸腾。相反地，如果液体的蒸气压力较低，则必须更大幅度地提高液体温度，才能让液体的蒸气压力达到大气压的水平。

现在我要给你们看一个小实验，我再次重申一遍，这个实验不要在家里做。我们取一些乙醚、乙醇和水，分别用三种不同的锅煮沸，看看会发生什么，反正我们已经知道即使我们盯着它看，沸点仍然是一样的。乙醚，化学式为$CH_3CH_2OCH_2CH_3$，是一种比化学书更能让人入睡的麻醉剂，在36℃时已经沸腾；而乙醇沸腾需要加热到78℃；正如大家都知道的，要让水沸腾，温度需要达到100℃。

当这三种液体都沸腾时，除了有被乙醚麻醉一觉醒来浑身湿透的可能之外，我们还会证明水分子是由比乙醚分子更强的分子键连接在一起的。相比之下，乙醇粒子之间的结合力正好介于乙醚和水之间。

或者随着外部压力的变化而变化？

是的。例如，如果你们在滑雪后想吃一盘意大利面，请记住，在较高海拔的地方，大气压会比较低，因此液体会在较低的温度条件下沸腾。所以你在海拔3300m的山间小屋里烧水的时候，水在90℃时会达到大气压的值，开始沸腾。

因此：

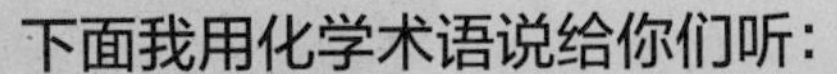

下面我用化学术语说给你们听：

（也就是老师提问学生时最想听到的回答）

外部气压越低，水的沸点就越低。

4.7 蒸馏，也可能是分馏

现在，让我们举一个实际可行的例子：你们迷失在一个荒岛上，完全没有方向，你们渴了，但是好几天没下雨了。不，是好几个月没下雨了！

喝海水是不可能的，但我要告诉你们一个秘密，它会让你们高兴很长一段时间！只要你们点燃一堆火，把海水烧开，让水蒸气凝结在其他容器中，比如在一片大树叶上，你们就可以轻松地得到饮用水了。

恭喜你们，你们刚刚成功发明了一个蒸馏器并利用这个机器制造出不含盐的蒸馏水。这个水看起来平淡无奇，但绝对可以喝：如果你们可以和其他幸存者一起喝，那就意味着你们也救了他们的性命。

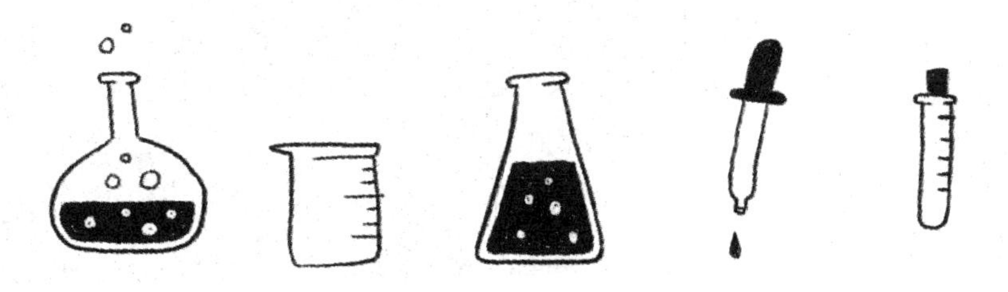

H2O
H2O
H2O
H2O
H2O
H2

下面我用化学术语说给你们听：
（也就是老师提问学生时最想听到的回答）

蒸馏是一种利用混合液体或液—固体中各成分的沸点不同，使各成分蒸发，再收集其蒸气冷凝液（也叫馏分）的过程。

另一个通过蒸馏给人留下深刻印象的好机会是使用一种通常隐藏在地下室或车库的机器。这种蒸馏器比海岛上使用的使海水淡化的蒸馏器稍微复杂一点，但仍然还是需要一个加热容器，例如一个铜烧瓶或一个玻璃圆瓶，和一个冷却蒸气的装置，以及另一个收集冷凝液的容器。

顺便说一下：该工具的科学用途其实是用来蒸馏发酵物，如小麦、水果、蜂蜜、土豆、葡萄、葡萄酒等，以获得一定量的蒸馏物，即水、酒精和各种物质的混合物。

那些不熟悉化学的人，他们把这种混合物称为威士忌、伏特加、干邑、杜松子酒等。

最后一种蒸馏的过程被称为分馏，因为它总是在水的沸点以下加热，通常在65～70℃左右，这样蒸发的水就会和我们蒸馏的酒精一起循环，从而大大提高了蒸馏馏分中的酒精含量。

4.8 高压锅

在你们跑去蒸馏妈妈刚种下的紫罗兰之前，再稍等两分钟，我们一起来看看高压锅是怎么工作的。这样的话，如果他们不让你做紫罗兰杜松子酒，至少你可以把它和花椰菜一起做成汤！

在高压锅里，因为容器是封闭的，所以我们加热高压锅时产生的蒸汽就被困在锅内，锅内沸腾的水面上方的压力就会不断增大。

通常情况下，当内部压力达到2 个标准大气压时，是的，也就是正常压力的两倍时，高压锅的盖子就会开始吹口哨。

在这么高的压力条件下，水的沸点将达到120℃，所以即使超过100℃，水也不会沸腾。

现在想象一下，皮帕奶奶在115℃的液态水中煮西兰花的速度有多快！

我已经看见你们在流口水啦！

好了，孩子们，你们可以把液态这一章收起来，准备欢迎固态吧。

你们要做的就是翻到下一页！

第五章

固态不可承受之重

5.1 粒子的固体状态和运动

开个小玩笑！为了寻找“固态”，其实你们应该去海滩上玩，因为在那里，在液体退去之后，我们有，咄咄咄咄，固体。来吧，我知道这个名字没什么想象力，但至少它很容易记住。

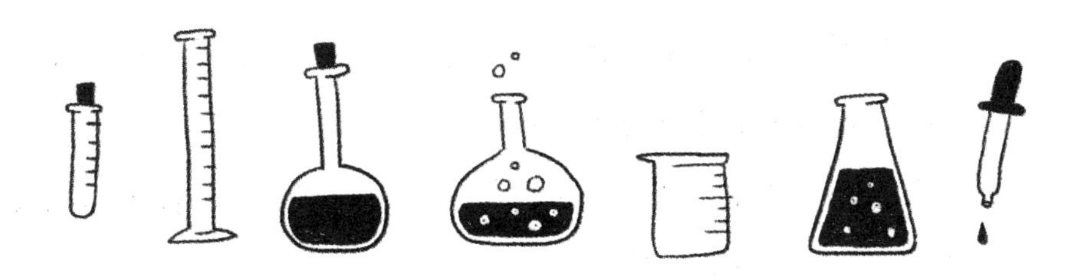

让我们从定义开始，这样我们就可以把它从我们的生活中解放出来。

下面我用化学术语说给你们听：

（也就是老师提问学生时最想听到的回答）

固体有自己的形状和体积，不能压缩。

在固体状态下，粒子被非常强大的结合力连接在一起。因此，它们不能自由移动：它们占据固定的位置，而且往往被锁在高度结构化的三维网络中。

没错，我们上面描述的这种结构，其实就是晶体。

我有一种模糊的感觉，你们一定在想，我的天，固体，什么鬼。

我承认这一点我可以理解，所以你们先去公园里呼吸点新鲜空气吧。

快，快，快！

嘿，我说的是简单兜一圈，不是两个小时的徒步旅行哟。

信不信由你，我把你送到小花园里纯粹是为了教学。来吧，现在你们想想在那儿都看到了什么，不，我不是要你们告诉我你们是邂逅了某个漂亮的金发女郎或者是哪个蓝眼睛的男孩子。

我相信你们应该会注意到在公园的每个角落，有成群的孩子们像我们的气体一样，不知疲倦地跑来跑去。

而你们可能也会注意到，他们的爸爸妈妈们只能像液体一样，在小巷里趺趺撞撞，试图跟上孩子们的步伐，但没有成功。

还有爷爷奶奶们，他们的身体非常僵硬，雷打不动地坐在长椅上，最多也就是忙着讨论哪个牌子的假牙牙膏最好用。

即使是爷爷奶奶们，或者说，即使是一个在我们看来静止不动的固体，实际上，构成它的粒子仍在连续且非常快速地运动着：每个粒子都像爷爷的假牙一样振动着，在原来的位置附近游离。固体的这些运动被称为振动运动。

在液体中，除了会发生振动运动之外，还可以进行平移运动和旋转运动。实际上，液体颗粒会移动，或者以一种更酷的方式连续地平移，就像我们上面说的爸爸妈妈们一样，目的是在公园中找到自己的孩子。至于旋转运动，你们可以想象一下：当父母试图将气体一样乱窜的儿子从橡树上拉下来的时候，那围着树晕头转向的模样。

正如你们所知，对于气态物质，这三个运动的速度会更快，而且会朝着所处空间的任何方向进行。

粒子的运动速度随温度而增加。当我们加热某个固态、液态或气态物质时，我们其实是以热量的形式向构成它的颗粒传递一定的能量，从而加快了颗粒的运动，同时也导致了物质温度的升高。

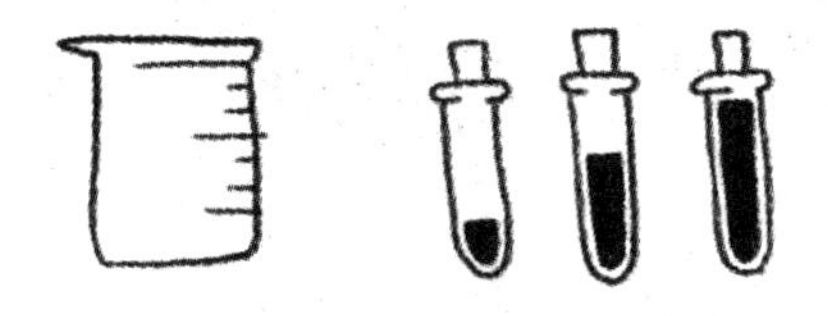

下面我用化学术语说给你们听：

（也就是老师提问学生时最想听到的回答）

物体的温度是其粒子运动能量的指标。

5.2 固体的性质

现在，我向你们介绍三个“非常友好”的新朋友：展性、延性和硬度。固体的这些特性会随着物质类型和物质结构的不同，以及构成该物质的粒子之间的结合强度的变化而变化。

展性是固体可压制成薄片的能力。金属，例如金、锡或铝，是最具展性的固体。

例如，妈妈用来包裹三明治的那些银卷纸其实是用铝制成的。

延性是固体被拉伸为细线的能力。同样，延性最高的固体也是金属，尤其是铂和银。

试想一下，为什么我们通常遇到的金属线不是铂，而是铁，或者顶多是铜。你们猜得没错：因为它们的成本更低！

硬度是指某种物质不被刮擦的能力，即物质表面不会丢失颗粒的能力。当连接其颗粒的键非常牢固时，固体具有很高的硬度。

下面我们严谨的莫斯（Mohs）先生要出场了，他就是做固体刮擦实验的人。这位19世纪初期的奥地利-德国籍的绅士，想到了一个绝妙的主意，那就是与他的矿物学家朋友们一起组织了一场比赛，比比哪个固体硬度最大。

比赛只有一条规则，也非常简单：

下面我用化学术语说给你们听：

（也就是老师提问学生时最想听到的回答）

固体可以刮擦其他硬度更低的固体，同时也会被其他硬度更高的固体刮擦。

这场实验花了莫斯整整一周的时间来检查和记录那些划伤其他固体的固体以及被划伤的固体，并按照他的硬度标准排列出这些美丽的矿物质，他谦虚地给这个标准起了一个名字——莫氏标度。

当他最终完成所有的划痕操作时，他胜利地宣布滑石是最软的材料，而自然界中最坚硬的固体是钻石。

这是莫氏标度里从1到10级别硬度对应的物质：滑石，白垩，方解石，萤石，磷灰石，正长石，石英，黄玉，刚玉，钻石。

不幸的是，莫斯先生没有办法找到所有最贵重的宝石。我们可以尝试来补全它：祖母绿像黄玉一样坚硬，而蓝宝石和红宝石不过是不同颜色的刚玉品种而已。

不知道莫斯先生是否将最坚硬的固体归还给它的合法所有者。但是，我可以肯定地说，那些借给他磷灰石和正长石的人肯定会把它们收回来的。

警告！不要急于用锤子敲打你姨妈手上的钻石：钻石是坚硬的，但不是无坚不摧的。

相反，非常坚硬的物质通常也非常易碎，这里的易碎性指的是物质不抗冲击的特性。

实际上，“易碎”与“延性”相反。

请相信我，你姨妈的钻石是非常脆弱的。快放回去，乖孩子。

玻璃是一个易碎固体的典型例子：它很难刮擦，但很容易破裂，比如被飞来的球砸碎。

5.3 晶体和非晶态固体

当我们冷却液体时，会形成固体。要变成固态的液体颗粒必须放弃它们所处的无序分布状态，并以有组织的稳定方式重新分布。

你们可以想象一下，比如，你们在母亲的强迫下整理架子上散乱CD的过程。

如果你们有足够的时间，我相信你们可以将它们整齐地放置在立体声音响上方的架子上；但是如果你们因为沉浸在美妙的音乐中而忘记了时间，导致只剩下五分钟的时间来整理CD了，那就把这些CD全部扔到一个大盒子里并将它们藏到衣柜里吧。

同样，如果我们将液体缓慢冷却，并且让颗粒有足够的时间按顺序排列，形成尽可能多的键，并保持原子之间的距离，那么固体颗粒将以规则的顺序排列，诞生了晶体，也就是具有一定规律的固体结构，这些粒子就处在立体结构的顶点。

结晶固体会形成多面体，即每个面都是平面的几何固体，这也是每种物质的特征。

结晶固体的形状取决于颗粒在空间中的排列，即取决于其晶格。

如果你们打开学校的化学课本，你们肯定会发现食盐的例子，食盐粒子形成了一个立方体，钠和氯离子交替出现在各个维度上。我说的对吧？哎呀，早知道我就应该跟你们打赌，赌注就是你们姨妈的钻石……

下面我用化学术语说给你们听

（也就是老师提问学生时最想听到的回答）

晶格的结构包括：

- 结点，即晶体原子所在的点；
- 晶列，即结点的集合，有固定的距离；
- 晶胞，即晶体结构的最小重复单元。

如果液体迅速冷却，那么颗粒将没有时间形成有序结构。然而，液体的固化，通常是不能形成结晶固体的结构，而会出现非晶态固体，其中的颗粒不会按照规则的结构排列。

就好像你们塞进衣橱里的那些CD，散乱地分布在盒子里。

玻璃和石英都是由氧原子和硅原子键合而形成的。但是，石英是晶体，而玻璃是非晶态固体。

看一下下面的图片，然后尝试猜猜：哪一个是玻璃杯？来吧，你有

50%的机会获得正确的答案！

好的，玻璃杯在右边。玻璃的粒子几乎像液态一样随机排列，只是它们被困在原处并且不再流动：处在平移运动结束的时刻，你们还记得吗？

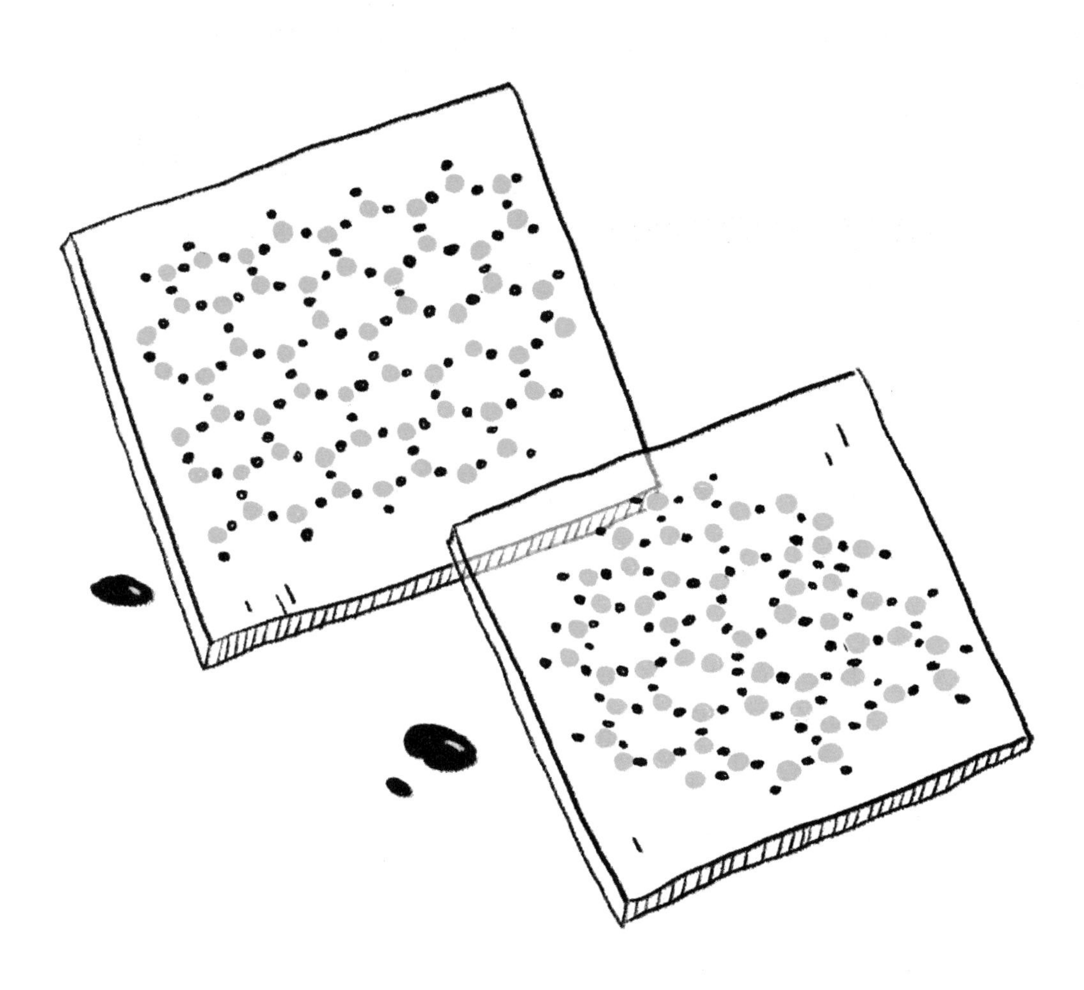

非晶态固体的原子越接近，粒子之间的吸引力就越大。当我们加热玻璃时，遥远原子之间最弱的键首先断裂，从而固体开始软化。

如果继续加热，所有的键都将断裂，玻璃就会熔化。

换句话说，石英会在非常精确的温度下变成液体，但玻璃在熔融前会变软，成为半流体，因此可用来模制。你们知道妈妈收藏的那套动物形象的玻璃工艺品吧？没错，它们是通过软化过程制成的！

如果你们喜欢某个人……

……可不要试图通过熔化他家的窗户来打动他哟！

第六章

发生在购物中心的物态变化

注意：在这一章中，要求你们表现得非常努力。你们必须打起精神观察物质由气态变成液态，液态变成固态，甚至气态直接变成固态的过程。然后，在你们还没有筋疲力尽之前，你们还需要关注这些变化的相反过程。这些所有的变化过程被称为物态变化，如果你们都可以聚精会神观察完所有的过程，你们就可以称自己为“化学禅宗大师”啦。

第一个好消息是，我们已经看到了液态和气态相互之间的转化。我知道你们都清楚我们说的是沸腾和冷凝，对吧？好的。

所以，总的来说，我们只剩下物态变化的四个过程了。我们先从前两个开始。

6.1 熔化和凝固

第二个好消息是：融化的过程和沸腾的过程是一样的。你们还记得我们说的那个公共汽车比喻吗？从公交车上拼命挤出去的乘客就像是蒸发掉的蒸气一样。

因此，为了升高固体的温度，我们要给它提供能量，粒子的振动强度也随之增加。

继续加热时，当温度达到一定的数值，粒子获得的能量超过了粒子之间的键力，粒子开始自由流动起来，固体就失去了它原本的形状：成为液体。在这一点上，我们说固体融化了，专业用语为熔化。

相反，如果我们冷却一种液体，它的粒子能量就会下降，直到形成非结晶或结晶的固体。这一点我们在前面关于固体的章节中已经看到。如果我现在告诉你们把液体变成固体的过程叫作凝固，我想应该不会让你太意外，对吧？

好吧。我承认，化学有时候的确非常乏味，有一部分原因也是因为固体是如此地……静止。

我们马上来解决这个问题：让我们回到上一章关于公共汽车的那个话题。

当我们用特制的喷火器给公共汽车上的座椅加热时，很快你们就会发现椅子慢慢变得柔软，并开始流动起来，愉快地跟随你们一起找到出口。

请你们保持专注，不要被邻座乘客燃烧的屁股分散注意力，因为这是你们实验的关键阶段：你们有没有注意到乘客的塑料座椅比公交车司机的铁座椅熔化得更快？好吧，我希望司机们的座椅不是真正的铁座椅，但我需要解释一下：

下面我用化学术语说给你们听：

（也就是老师提问学生时最想听到的回答）

每种材料都有自己的熔化和凝固的温度。

如果固体的粒子被比较牢固的键连接在一起，比如司机的铁座椅，那么解开这些键就需要大量的能量，熔化的温度也就会很高。

熔化温度较低的固体，在这种情况下，也就是乘客的塑料椅子，它的粒子键相对就较弱。

因为每种物质都有自己独特的熔化温度，当你们在附近的公园里散步的过程中遇到一种不知名的物质，你们可以通过测量它熔化时的温度

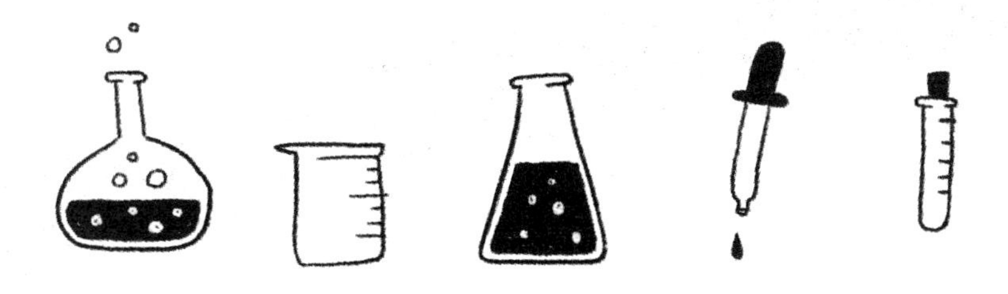

来了解它是什么物质。就像《犯罪现场调查》中的主人公告诉过我们的那样。

例如，纯水凝固（或者相反的过程，冰融化）的温度在0℃左右，所以，如果一种神秘的液体在冷却到0℃后就变成固体，那显然就是水。让我们尝试一些更酷的东西：打开冰箱，在里面放一个温度计，或许你们应该事先告诉妈妈你们并不是想测量冷冻菠菜的温度，而是在做一个非常重要的科学实验。

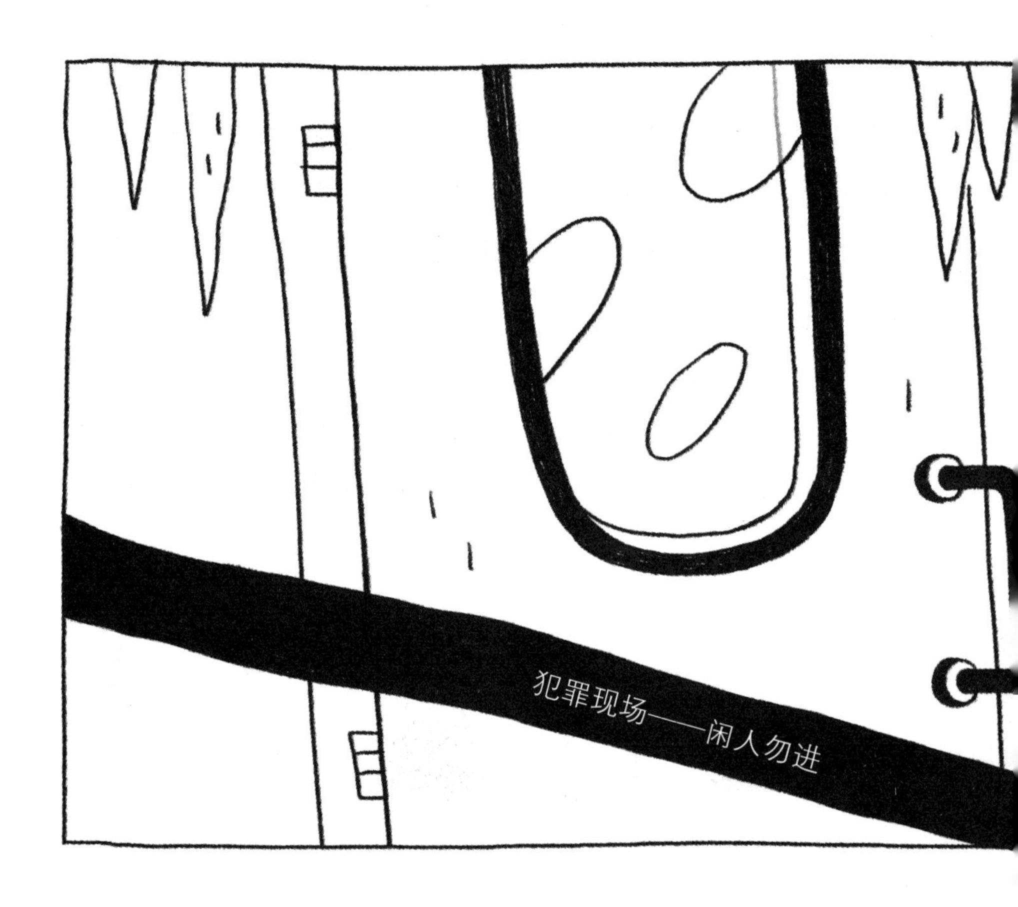

现在请注意，如果你的冰箱能冷却到–39℃，温度计里的水银也会凝固！如果没有凝固，也不要太难过，因为家里的冰箱通常不会低于–20℃的。另一方面，对于我们普通人来说，最低温度其实只需要低于八喜冰淇淋的熔点就可以了，如果是带杏仁片的那种口味的就更好了，哈哈。

《犯罪现场调查》的冰箱温度肯定可以设定到–80℃，这个温度下的二氧化碳都凝固成固体了。这个时候你们应该感叹一句："哇，好酷！"

6.2 比热容

我有一种感觉，你们已经发现，在这一章中，我们所要做的就是加热和冷却东西。让我们从一个非常简单的定义开始：

下面我用化学术语说给你们听：
（也就是老师提问学生时最想听到的回答）

一种物质的比热容指的是1g该物质温度升高1℃需要吸收的热量。

很棒，不是吗？这意味着，如果我们在同一个炉子上加热两种不同的材料，也就是说，如果我们给它们同样的热量，它们将达到不同的温度。

还记得去年夏天你们在铁滑梯上烧伤屁股的事吗？感觉像1000℃，对吧？然而，空气显然没有那么热。事实上，这是因为空气的比热容是金属的好几倍，这就意味着金属达到令人难以忍受的温度所需要的热量要少得多。

自然界中需要最多热量来提高温度的物质其实是水，它可以吸收或释放很多热量而不改变温度。水的高比热容解释了为什么在靠近大海的地方，夏天和冬天的气候都很温和。事实上，太阳的热量和西伯利亚的寒冷都被海水吸收了，海水的温度只是轻微地上升或下降，使得空气的温度也几乎没有什么变化。

现在我们来看看历史。别担心，没有原始人，也没有亚述人，也没有巴比伦人，我们说的还是化学！

在你们出生之前，热量是用卡路里来计量的，卡路里的定义是将1g水的温度提高1℃所需要的热量。因此，水的比热容是1卡路里每克摄氏度，或者可以写成1cal/（g·℃）。

但是，正如我们已经多次提到的，由于科学家们都是在“简单事务复杂化办公室”工作，所以他们最近决定使用焦耳来表示热量，水的比热容变成了4.18J/（g·℃）。惊喜不！

只有那些安装锅炉的工人和营养师们仍然坚持使用卡路里而不是焦耳，但你会发现，迟早会有人提出一种低焦耳饮食。

6.3 潜热

这一章我们要有一个充满活力的开始：让我们拿出一些固体的东西，加热它们。

我们从最普通的冰块开始。就是你们从冰箱里可以找到的普通冰块。是的，就是爸爸用来做莫吉托鸡尾酒的那种。把它们放在一个又大又结实的锅里，然后在里面放一个温度计。现在，拿出你们所有的耐心，记录下每个时刻的温度。

显然，锅里的冰块会融化得很快。但是你们要小心，因为真正伟大的科学发现来了：锅里的温度计始终保持在0℃，尽管我猜你们家里至少有18℃。居然在0℃不动了。不，温度计没有坏，是因为冰的温度的确没有变化。老师把这种现象称之为热滞。

只有在最后一个冰块融化后，水温才能慢慢恢复到你们家里的温度。如果你们不想因为不停打哈欠而扭伤下巴，让我们面对现实吧，这不是一个短暂的过程，我建议你们先去吃点零食，或者去散散步也可以，反正一旦水温达到你们厨房里的室温，它就不会改变了。

现在你们把装了水的锅放在炉子上，开始加热。记录下水的温度变化吧！40℃，50℃，70℃，90℃，100℃，水开始沸腾了，我想你们已经预料到了。但是然后呢？105℃吗？110℃吗？不，并没有。

温度会一直保持在100℃。你们试着加大火力，但是要小心沸水溅起的水花。结果还是一样，水温仍然没有超过100℃。你们应该也知道，就算用喷火器去烧也是没用的。在所有的水变成蒸汽之前，它的温度永远不会超过100℃。孩子们，这是你们遇到的第二个热滞现象。

但是这还没有结束。如果你们厨房的门窗和我的厨房一样是密封的，水蒸气出不去，整个房间就会弥漫着水蒸气。

现在水已经完全从锅里蒸发了，你们会发现自己被一团水蒸气淹没了，而锅是空的，火在继续烧着。这个时候已经蒸发成水蒸气的水又开始升温了：110℃，120℃，150℃……完美，是时候把火扑灭，离开厨房了，否则要是烧伤了，就看不完书喽！

现在，我们一起来思考一下：为什么冰融化或水沸腾时的温度都没有上升？是不是有什么东西把热量带走藏起来了？

很好！炉子产生的热量其实是被水吸收后，水分子获得相应的能量，连接它们的分子键被一个接一个地破坏了，水分子从固体变成液体，然后又从液体变成水蒸气。

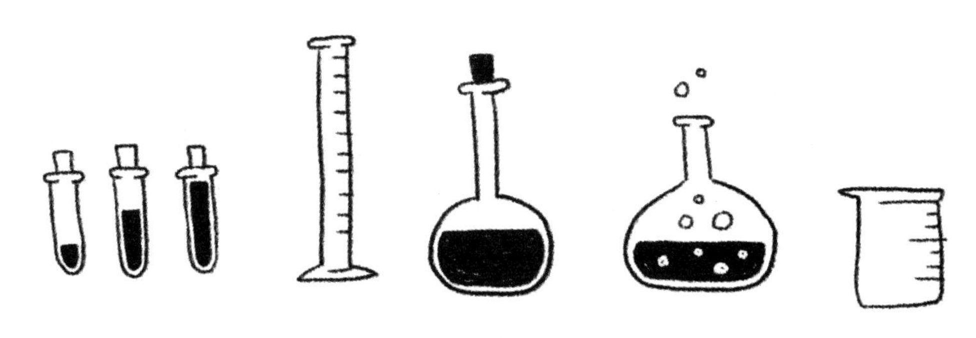

BROCCOLO
IL NUO
PROFU
悬赏
$2,000,000

下面我用化学术语说给你们听：

（也就是老师提问学生时最想听到的回答）

它们分别被称为熔化潜热和汽化潜热，也就是1g固体在熔化的温度下熔化所需要的热量，或是1g液体在沸腾的温度下变成水蒸气所需要提供的热量。

把它命名为“隐热”对普通人来说可能更好理解，但由于科学家都有点虐待狂，他们选择了“潜热”这个词。大家要记住，是潜热，而不是隐热：这很容易混淆，很多同学就是因为这个原因在化学考试时没有拿到满分。

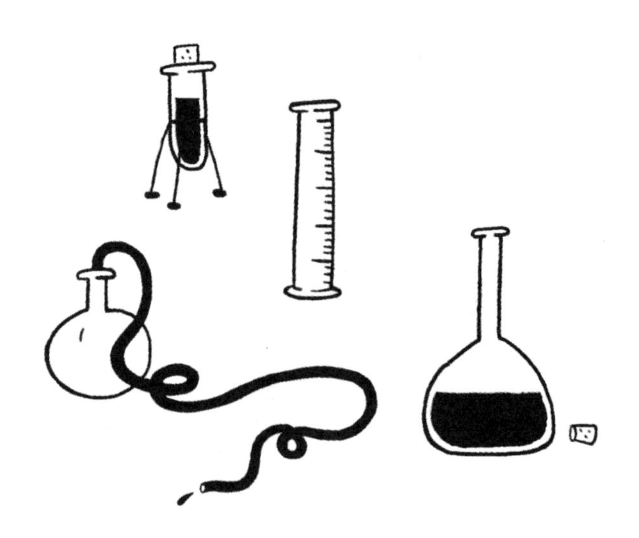

6.4 加热曲线

拿起你们的笔、纸和尺子，我们将为我们之前的实验画一张漂亮的图表。首先是笛卡儿坐标系：在纵坐标上写下温度T，在横坐标上写下时间t。好吧，好吧，我知道你们可能不太记得笛卡儿坐标系了，但别担心，你们很快就会清楚的。

我们起点的温度是零下的温度，因为一杯合格的莫吉托鸡尾酒必须是又美味又冰镇的！等我们到了0℃的时候温度保持不变。随着时间的推移，什么也没有发生，呈现一条水平直线。等到锅里的冰块全部融化的时候，温度开始升高，往上，往上，一直升到100℃，因为我们把炉子的火开得非常大。在100℃的时候，温度再一次保持不变，直到所有的水都蒸发掉之后，温度才会又开始上升。热蒸汽的温度从110℃，到150℃，再到200℃！大家迅速撤离厨房！

现在你们仔细观察这个曲线：你们不觉得像是待在购物中心里面吗？当然，这是一个非常奇怪的购物中心，有一个坏了的恒温器，店铺楼层的大小和自动扶梯的长度取决于你们比热容的大小和你们熔化和汽化的潜热。

别用你们那又大又笨的眼睛看着我！来吧，把你们自行车停好，我们一起去兜风。

发生在购物中心的物态变化

现在大家想象一下这样的场景：你们锁好了自己的自行车，以固体的形式从地下车库出来，在一楼的商店停了下来，保持你熔化时的温度。一旦你们完全熔化了，你们就会像快乐的液体一样从自动扶梯上升到二楼，也就是到达你们蒸发的温度。你们慢慢地旋转着，释放出蒸气，小心不要太显眼哟。当所有的液体都蒸发了，你们就会以气体的形式上升到更高的

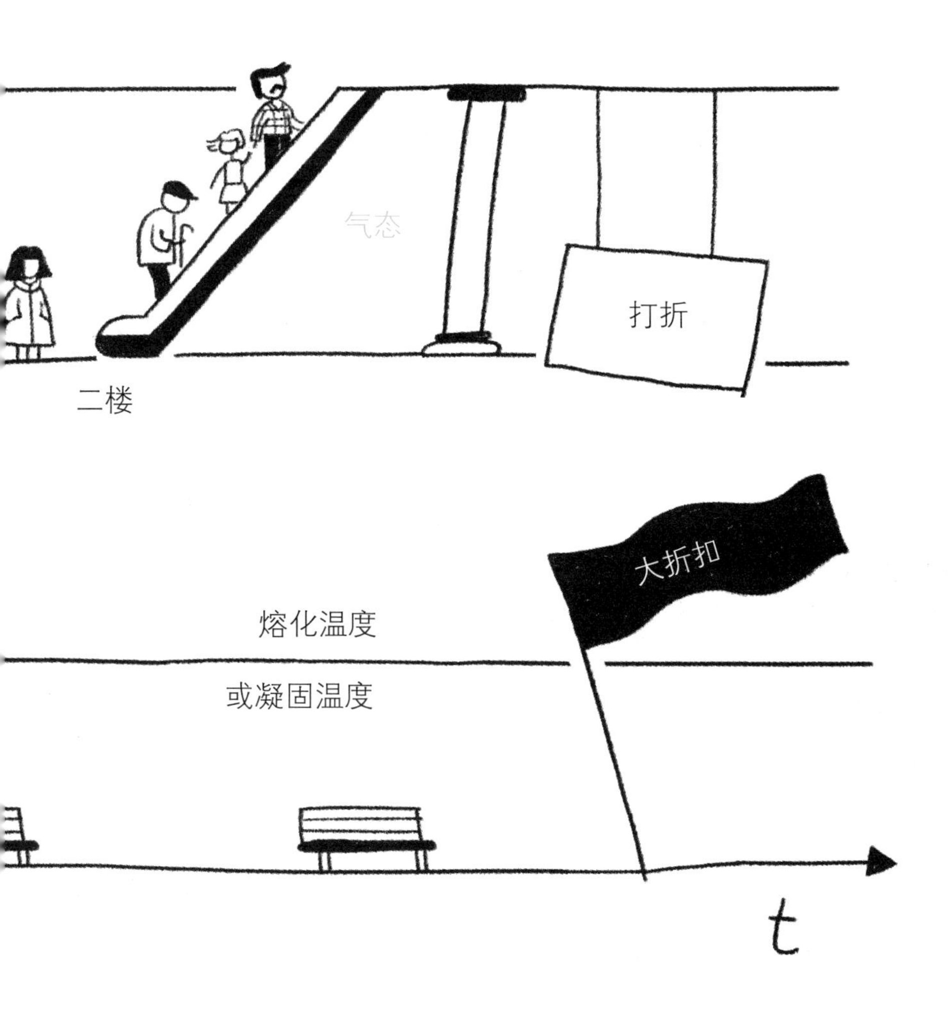

地方。叮咚，叮咚！商场就要关门了，你们这些优雅的气体，慢慢地又回到二楼的液态状态，通过自动扶梯的同时渐渐失去热量。然后停在你们液化时的温度上，直到你们完全变成液体，然后在你们凝固的温度下，你们又从下一级自动扶梯上滑回一楼。一旦你们又恢复到固体状态，就走回地下车库。别告诉我，你们自行车的钥匙忘在蒸气那一层了！

6.5 凝华与升华

你们都知道樟脑丸吧？是啊，就是奶奶在你们毛衣里放的那些又臭又小的球球，它们不仅能赶走飞蛾，可能也会赶走靠近你的可爱美女哟，哈哈！

樟脑丸是固体物质，当加热后会直接变成气态。这就好像是在我们的购物中心，我们不用自动扶梯一层一层上楼，而是乘坐厢式电梯直接到二楼一样。

下面我用化学术语说给你们听：
（也就是老师提问学生时最想听到的回答）

从固体状态直接变成气态的转化过程叫作升华，而相反的过程叫作凝华。

从今天开始，当你们看到草坪上结满了霜，你们可以昂首阔步，自豪地说：这是夜间的水蒸气直接变成了冰。它坐了电梯，跳过了变成液态水的中间过程。

因为固体升华时，它的蒸气压力与外部压力相等，升华的一个有效方法就是降低它的外部压力。

如果我们降低压力，冰也会发生升华现象。你们小时候一直吃的各种肉松和妈妈做饭时用来调味的固体汤块就是这样做出来的。把物质溶入到水中，冷冻，然后用神奇的“抽气机”使压力下降。这样，所有的冰都升华了，剩下的是泡沫状的粉末，里面有之前溶进去的所有物质，但是它脱去了所有的水分，这样就可以保存很长时间。这一章学完了！这似乎是不可能的，但我们的确已经完成了关于物态变化的学习。快去把你们获得的“化学禅宗大师”的文凭打印出来，挂在桌子上炫耀一下吧。

第七章

药剂……嗯，化学溶液

我们真的到了最后一章，关于化学溶液的章节！

7.1 同质和异质混合物

二十滴酸橙饮料，四分之一的大黄布丁，还有一点苹果汁。不，这不是爱情药水的配方，这是我妈妈以前给我的零食。相信我，千万别尝试，太糟糕了。

但这正是我们在这一章要做的：把各种东西混合起来！

让我们开始吧。

下面我用化学术语说给你们听：

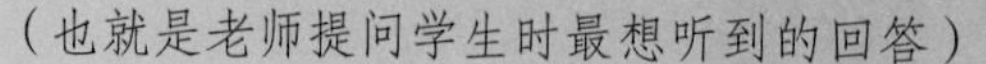

（也就是老师提问学生时最想听到的回答）

异质混合物由两种或两种以上的成分组成，它们处于不同的同质状态，称为物相。它在组成它的不同部分中具有不同的特性。

那么同质混合物呢？同样的：

下面我用化学术语说给你们听

（也就是老师提问学生时最想听到的回答）

同质混合物是具有相同化学和物理特征的均匀混合物，肉眼或任何光学系统是无法识别同质混合物的成分的。

我们试着把它翻译成更容易理解的语言：

1）我把两种物质混合在一起，静候片刻。

2a）如果混合之后，我再也分不清这两种东西，甚至用老师的显微镜都分不清，那我就得到了一种同质化的混合物，也就是说，它的各个部分都是一样的。

2b）如果混合之后，我还能认出它们，例如，它们分布在不同的区域，实际上是产生不同的物相，那么我就得到了一种异质的混合物。

3）第三点，不，开个玩笑，其实没有第三点！

从你们的表情我看得出来，你们很疑惑。也许我们需要一些固体、液体和气体的例子，当它们与其他固体、液体和气体相混合时，它们要么彼此相爱，和谐共处；要么彼此憎恨，甚至一刻都不想待在一起。

当两种物质混合在一起时，很少能事先知道最后会形成什么样的混合物。你们恋爱过吗？或者你们曾经无缘无故地讨厌过一个人吗？很好，然后你们就会觉得混合本身比预计得到什么样的混合物更容易！

总之，我们所说的混合物是同一种或不同种类的物质之间的混合物。

现在，我知道，下面要看到的这些例子可能已经开始动摇你们的决心了。但是，如果你们能坚持下去，化学测试肯定能拿到高分哟。我们打个赌？

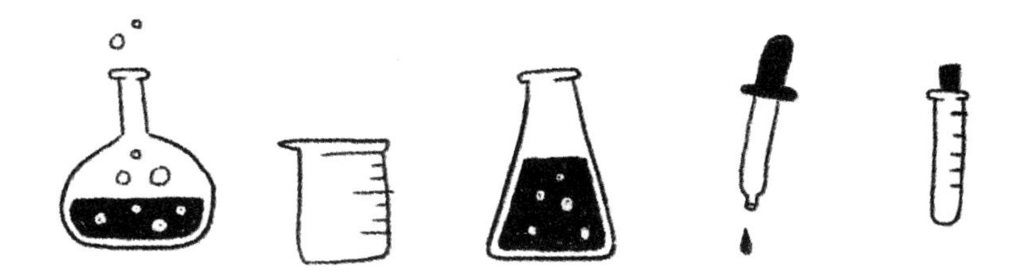

固体+液体

同质混合物：

水和糖，海水，止咳糖浆。

异质混合物：

冰淇淋，防晒霜，果汁，牙膏。注意千万不要在餐桌上把它们弄混了！

液体+液体

同质混合物：

伏特加和所有的烈性酒，汽油和液体燃料。

异质混合物：

牛奶，油漆，蛋黄酱。这里的情况要复杂得多，因为你们需要老师的显微镜来区分两种液体中不同的液滴，我向你们保证，这两种液滴肯定互不理睬，分成两层。

液体+气体

同质混合物：

所有的苏打水，其中少量溶解的矿物盐忽略不计。

异质混合物：

卡布奇诺泡沫，鲜奶油，云，雾。

气体+气体

同质混合物：

空气或任何其他气体的混合物，如果你给它们足够的时间去了解彼此，它们总是亲密地混合在一起。

异质混合物：

根本不存在，耶！

气体+固体+液体

同质混合物：

酸橙饮料，橙汁汽水，还有你能想到的所有彩色汽水饮料。

异质混合物：

血液。它看起来像一个简单的红色的东西，但在它里面是固体盐+液态水+氧气+气态二氧化碳+很多其他物质，比如脂肪、糖、蛋白质和分析报告中显示各种形状和颜色的物质成分。

你们把所有的例子都看完了，对吗？很好，太棒了！

但我要坦白一件事，我在编写的时候作弊了。事实上，上面例子中的一些混合物实际上是胶体分散物和悬浮液。这是一种介于异质混合物和同质混合物之间的混合物，根据组成这些混合物的颗粒大小以及它们是固体、液体还是气体，有不同的名称，如“凝胶”或“气溶胶”。

好消息是，这些胶体也经常被教授们忽略掉，这可能是因为他们也都不记得这些混合物的名字了。但有一件事你们可以相信：在这本书里我们不会讲到胶体的命名法。这是我的书，我说了算。

现在，异质混合物大家都很清楚了，不是吗？

太好了，现在你们可以忘掉它们了，因为它们不值得一看。在这一章剩下的内容里，我们只详细讨论同质混合物。

我们首先要说的是，同质混合物有一个更常用的昵称，即化学溶液。就像奶奶，大家都叫皮帕奶奶，但她的全名其实是朱塞佩娜一样。

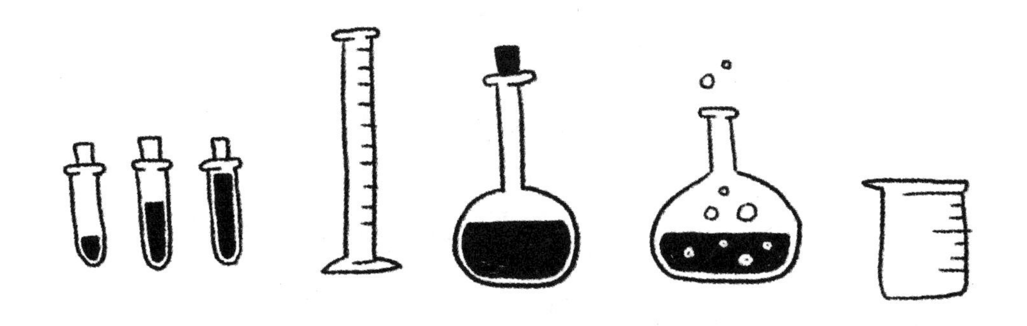

7.2 化学溶液

下面我用化学术语说给你们听：
（也就是老师提问学生时最想听到的回答）

在化学溶液中，物质中的每个分子都被混合得非常均匀。

你们还记得吗？我们刚刚看到了一大堆化学溶液的例子，当时我们还称它们为“同质混合物”。我再举三个例子来总结一下：

气体+气体：例如太阳，它主要由氢气和氦气组成，大约5500℃。

液体+液体：就像爷爷的那瓶酒，里面有酒精和水。

固体+固体：就像牙医补牙用的填充物。“汞合金”实际上是一种“含有汞和另一种或多种金属的金属合金”的简称。

简而言之，我们在一天中遇到的几乎每一种物质都是一种混合物或一种溶液。纯物质在任何地方都很难找到：即使是在铁的蒸馏中，在银行的金条中，在爷爷的氧气罐中，也会有杂质、盐、湿气或溶解的气体。事实上，普通人只能遇到两种或两种以上物质的混合物。只有化学家才能接触到纯物质。

7.3　熵和溶液

但是，为什么当两种化合物混合在一起时会形成溶液呢？它们就不能分开吗？答案很简单：不能。

我来告诉你们为什么。

如果我们在爷爷装假牙的杯子里加上一滴墨水，你们可能就得满屋子逃窜，避免被爷爷扔来的拖鞋砸到。但你们会满意地看到，墨水并没有独善其身，而是把所有的水，当然还有牙齿，都染成鲜亮的蓝色。墨水的分子在水中形成了一种溶液，分散在各处。不幸的是，对爷爷来说，即使等上一万年，它们也不会回到原来的状态。

通过这种异常复杂的实验，科学家证明：

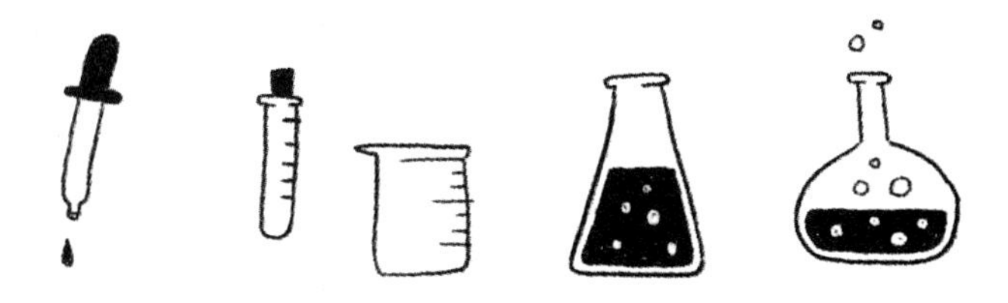

下面我用化学术语说给你们听：
（也就是老师提问学生时最想听到的回答）

在自然界中，一切事物自发演变的最终结果是达到最高程度的无序和混乱。

他们甚至发明了一个专门用来表示这种杂乱程度的词，并给它起了一个非常难写的名字：熵。用符号S表示。

下面我用化学术语说给你们听：
（也就是老师提问学生时最想听到的回答）

系统的无序程度被定义为系统的熵。

所以两种不同的化合物混合在一起形成溶液，增加了它们所在系统的混乱和熵。

孩子们，我对小时候的事情还记忆犹新，就像昨天一样，比如我曾经试图把我房间里的混乱归咎于熵S，因为根据一个复杂而不可避免的自然法则，它总是会增加的。不幸的是，当时我的妈妈连三秒钟都不相信。

但是，如果你们还在处理晶体那一章你们藏在壁橱里的CD，或者气

#◎†★!!
OH YEAH!
是熵呀，妈妈，
是熵的错呀！

体那一章节在电梯里放的屁，那么请听我说，你们可以试着用这张“*S*”的牌来掩护自己，尤其强调一下“自发演变”这个词。祝你们好运！

7.4 溶剂和溶质

紫罗兰杜松子酒是一个很典型的溶液。请注意，每一杯杜松子酒都有相同的物理化学特性，如气味、颜色、味道、味道、味道，还是味道。好了，是时候放下瓶子了，否则这个溶液样本要被你喝光了！

酒里面所含的各种物质，如水、酒精、矿物盐、色素和上千种的香精，以一种完全均匀的方式混合在一起。我想说的是，一种非常和谐的方式。这都是因为熵！

不幸的是，你们还是要记住下面这些化学定义：

1）溶剂被定义为溶液中含量最多的成分（对于紫罗兰杜松子酒，溶剂就是水），溶质被定义为含量最少的成分（或几种成分），在我上面的例子里，就是除了水之外所有列出来的物质，从酒精到香精。

2）可以溶解在溶剂中的溶质的最大数量称为溶解度。

3）如果一种物质极易溶于溶剂，则称为该溶剂的可溶性物质。如果它完全不溶解，则是不溶性物质。

用我们刚刚学到的新术语来总结一下我们前面讲过的内容。

下面我用化学术语说给你们听

（也就是老师提问学生时最想听到的回答）

当溶质颗粒与溶剂颗粒之间的键比溶质颗粒之间与溶剂颗粒之间的键更强时，溶质可溶于溶剂。

注意，现在要出现另一个让人头疼的词：在固体溶质粒子和溶剂粒子之间形成新的键的过程被称为溶剂化。对不起，难为你们了，但有些人真的很想知道。

通常人们会想到水溶液，其中水就是溶剂。然而，还有很多其他的溶剂，如酒精、三氯乙烯或丙酮，它们被称为有机溶剂。问问你们的妈妈或爸爸：通常情况下，一个通过水洗洗不掉的污渍，比如口红污迹、发动机的油渍、墨水印，可以溶于有机溶剂吗？是的，没错，但是，如果你们的指甲油一不小心沾到你们的新衬衫上了，千万千万千万不要试图把它浸在汽油里洗干净。

7.5　浓度

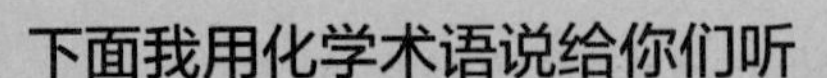

下面我用化学术语说给你们听

（也就是老师提问学生时最想听到的回答）

溶液的浓度表示溶液中溶质和溶剂的含量。

它告诉我们溶液里面有多少东西。

现在，为了不遗漏任何成分，化学家们主要使用五种方法来表示溶液的浓度。

为了稍微搅拌一下，我们用的不是常见的普通的盐和水，而是用乙醇作为溶剂，碘作为溶质。所以让我们把一些碘溶解在一杯乙醇溶液中吧。

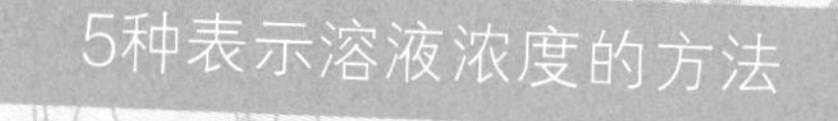

质量分数（w，%）

它表示溶质质量与溶液质量之比。

乙醇溶液中含有5%（w）的碘，也就是说每100g的溶液中溶解了5g碘，因此溶液是由5g碘溶质和（100−5）=95g乙醇溶剂组成的。

当溶剂和溶质均为固体时，通常使用这种方法来表示溶液的浓度。

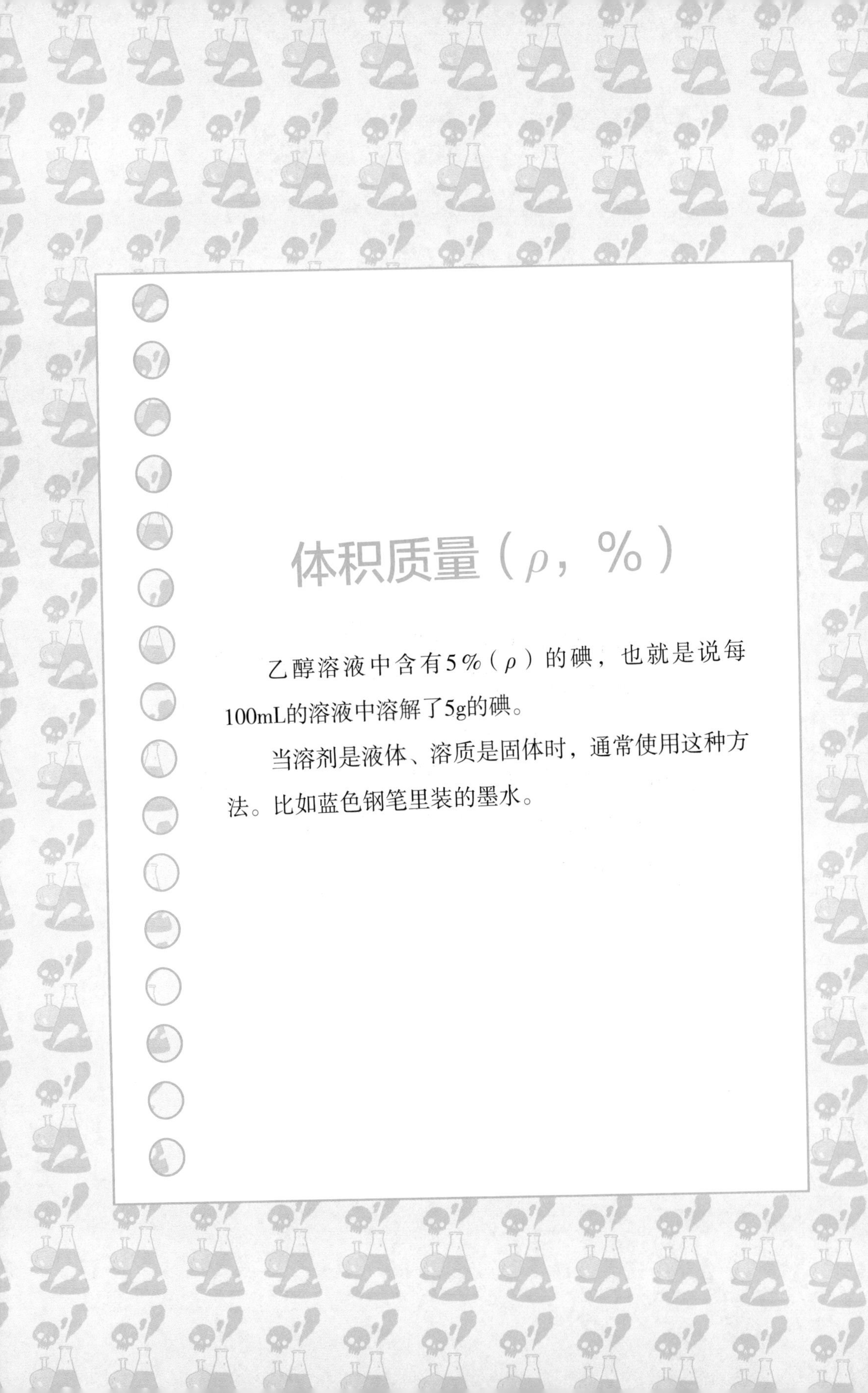

体积质量（ρ，%）

乙醇溶液中含有5%（ρ）的碘，也就是说每100mL的溶液中溶解了5g的碘。

当溶剂是液体、溶质是固体时，通常使用这种方法。比如蓝色钢笔里装的墨水。

体积分数（ϕ，%）

表示溶质体积与溶液体积之比。

乙醇溶液中含有5%（ϕ）的碘，也就是说每100mL的溶液中溶解了5mL的碘（当然碘不容易得到液体，这里只是举个例子），因此溶液是由5mL碘溶质和95mL乙醇溶剂组成的。这个我们已经了解了：当溶质和溶剂均为液体时，我们是用这种方法。比如，如果威士忌酒的酒精含量为40度，则意味着100mL威士忌酒中含有40mL乙醇。

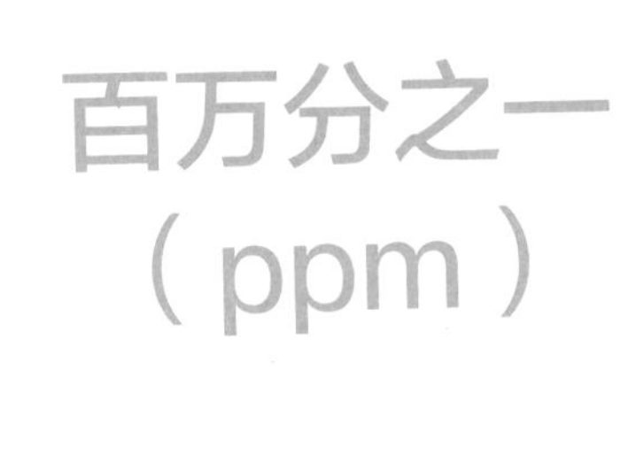

百万分之一（ppm）

表示在1kg溶液中溶解了多少毫克的溶质。

乙醇溶液中含有5ppm的碘，也就是说，在1kg总溶液中溶解了5mg的碘，因此溶液是由5mg的碘和（1000000-5）=999995mg的乙醇组成的。

当只有相当小一部分溶质溶解在溶剂中时，我们使用这种方法来表示溶液浓度。这其实是为了避免将小数点和逗号混淆。实际上，5ppm等于0.0005%（*w*）。

我国已不用这种浓度表示方法，而用mg/kg表示。（译者注）

摩尔浓度（c，mol/L）

表示在1L溶液中溶解了多少摩尔的溶质。

乙醇溶液中含有5mol的碘，也就是说，在1000mL总溶液中溶解了5mol的碘。

最后这个是化学中使用最多的一种浓度表示方法。非常地实用，尤其是如果你们像我们一样，喜欢在餐桌上给别人留下深刻印象的话。

比如，“弗朗克，你能递给我0.5mol的醋吗？”

既然我们说到餐桌上了，你们为什么不看看桌上矿泉水的标签呢？你们会发现农夫山泉矿泉水中所含矿物质浓度，也可能发现每升矿泉水含有5mg的钠离子，也就是5mg/kg的钠离子含量。那百岁山矿泉水中含有多少呢？也许是70mg/kg。感到肚子里面哐当哐当了吗？当然了，因为你喝了两升水！

你们还在看什么？别躲起来，我看到你们了！告诉我，你们的矿泉水里有多少锶？

7.6 饱和溶液

对于下一个实验，你们可能需要一杯咖啡。例如，爸爸午饭后习惯性喝的那种。咖啡准备好了吗？太好了，现在加一匙糖搅拌一下。会看到糖慢慢融化，或者像学习化学的人所说的那样完全溶解。

一茶匙，或约5g的糖可溶于30mL的咖啡。片刻后，再添加一茶匙并再次搅拌：它溶解了吗？是的，但它需要更长的时间才完全溶解。因此，即使是10g糖，也可溶于30mL咖啡。现在你们已经知道一杯咖啡可以溶解10茶匙的糖！当然，这取决于我们搅拌的时间，取决于咖啡的温度，最重要的是，取决于您父亲可以承受的甜度。但是溶解还是需要一定的时间的。

现在你们给自己倒一杯水，然后开始往里面一点一点地加盐。我的意思是加氯化钠，NaCl。与咖啡不同，水是透明的，现在我们需要查看下杯子里面会发生什么。简而言之，在100g水中最多可以溶解36g食盐。一旦达到此数量，就算添加更多的盐，它也不再溶解并沉淀在底部。

下面我用化学术语说给你们听
（也就是老师提问学生时最想听到的回答）

溶剂中溶质已达到最大浓度的溶液被定义为饱和溶液。

这和皮帕奶奶著名的圣诞午餐非常相似，自助餐桌上摆满了美味的开胃菜，各式各样的主菜，波罗的海的炸鱼和贻贝。最后甜点上来的时候，你们都已经吃饱了，或者说饱和了。

下面我用化学术语说给你们听：

（也就是老师提问学生时最想听到的回答）

溶剂中某一种溶质的溶解度是溶质和溶剂形成的饱和溶液中该溶质的浓度。

溶解度取决于溶质和溶剂的类型，即它们是互相融合的还是互相排斥的，以及溶液的温度。正如你们轻易就能想到的那样，温度越高，溶质在溶剂中的溶解越快。

例如，在室温下，最多可将10g的碳酸氢钠（$NaHCO_3$）溶于100g水。

因此，碳酸氢钠在水中的溶解度不如食盐，因为我们已经看到，同样数量的水可以溶解36g NaCl。

然而，如果我们提高温度，我们也会提高溶液中粒子的能量和运动速度，增加能够打破固体之间分子键的碰撞次数。结果：同样的水溶液中就可以溶解更多的碳酸氢钠。

在60℃下的100g水中，可以溶解15g的$NaHCO_3$。

当然，如果我们冷却它，溶质的溶解度就会下降：例如，在0℃下，100g的水最多溶解6g的碳酸氢钠。

现在，我要教你们一个简单的实验，获得一些漂亮的小苏打晶格，下次圣诞晚餐时把它们放在你们的口袋里，帮助你们更好地消化，为甜点腾出空间。

在热水中放入15g碳酸氢钠，耐心搅拌，然后把溶液放在冰箱里几个小时。随着温度的降低，溶解度降低，你很快就会看到一些漂亮的小苏打晶体沉积在容器的底部。把它们从杯子里捞出来，让它们在空气中晾干几天，看看结果如何。

如果溶质是固体，那么它的形状也能影响到溶解度的大小。当固体被精细地分解成很小的部分，其溶解过程的速度会加快。

还有一点，你们应该深有体会，搅拌本身也可以加速溶质的溶解。这样就更容易形成均匀的同质混合物，溶液中的每个部分所溶解的溶质数量相同。

你们不相信吗？明天早上吃早餐的时候，喝杯冰拿铁，加几块方糖，不要搅拌试试看。

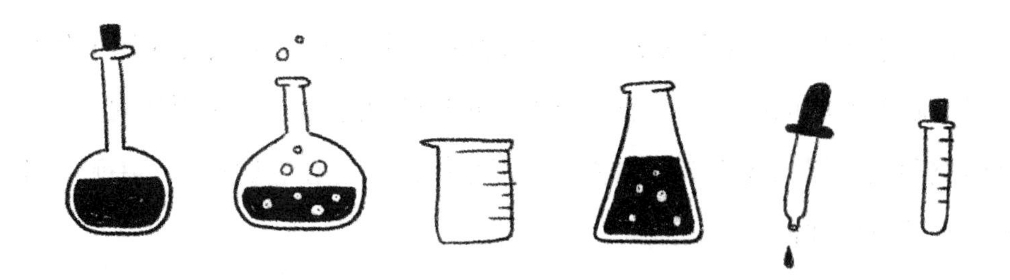

7.7 道尔顿定律

我们已经看到了，几个世纪前的科学家对气体有一种嗜好，一旦他们遇到气体，他们就必须找到能够控制气体的定律。对于液体和固体他们根本不在乎，但对于气体，科学家们真的是无法控制自己。

这一次轮到道尔顿先生了，他要成为一名著名的科学家，他所要做的就是采纳我们的朋友阿伏加德罗的定律，并在上面加上一些加号。

让我们从头开始。你们还记得关于气体的那一章吗？道尔顿也做了他的家庭作业，他也知道容器里的气体摩尔越多，容器里的压力就越大。

$$p=kn$$

道尔顿一定收集了很多气体，有一天他觉得无聊，他试着把它们混在一起。他很快就自豪地发现，所有的气体都可以混合成各种比例，形成同质的混合物。

我们也已经知道这一点，只是现在我们更喜欢称之为气态溶液（或气态混合物）。

这就是道尔顿的惊人发现：

下面我用化学术语说给你们听
（也就是老师提问学生时最想听到的回答）

如果两种或两种以上的气体在一个容器中混合，每一种气体都表现得好像它是唯一存在的气体。容器的总压力是内部每一种气体的压力之和。

我知道你们在想什么：我们的阿伏加德罗先生已经知道，每一种气体的压力并不取决于你们放入容器中的气体类型，而仅仅取决于气态粒子的数量。

事实上，你们将要学习到的定律被称为道尔顿定律，或混合气体分压定律：

$$p_{tot}=p_A+p_B+p_C+\cdots$$

而这就是你们要记住的。

补充一下，p_{tot}表示容器内的总压力，p_A、p_B和p_C…表示容器中单个气体的部分压力。

例如，因为空气是由不同气体组成的气态溶液，其中含有78.1%的氮气、20.9%的氧气、0.9%的氩气，和剩下含量较低的二氧化碳、氖气、氙气和氪气，我们可以立即计算出每天从我们头顶飘过的每一部分气体的分压。

例如，在1标准大气压力下，空气中氧气的部分压力为0.209 atm。我知道，这一定是你们今天听到的大新闻。

7.8 气体的溶解度

我们刚才看到，气体混合物可以以各种可能的和想象的方式毫不费力地混合而成。相比之下，气体却很少能与固体混合。

事实上，气态物质通常都非常喜欢独自飞行。

现在让我们试着把气体溶解到液体中。大多数气体在液体中的溶解度较低，因为要溶解的气体颗粒必须先打破液体溶剂颗粒之间的分子键，然后在液体和气体之间形成新的键，但这并不容易。

例如，氧气和氮气不溶于水，因为它们的分子与水分子之间的结合力非常弱。

你们知道的，可以让气体顺利溶解到液体中的一个简单而安全的方法是增加液体上方的气体压力。我们拿出一个没有针头的注射器，把它装满一半的水，然后我们抽动活塞，让空气尽可能多地进来。好了吗？现在，我们堵住注射器的出口，使劲推动活塞。也就是说，我们在压缩水和手指之间的空气。

通过减少空气的体积，它所包含的气体只能相互碰撞，或与注射器壁撞击，或者与水撞击。在前两种情况下，什么也不会发生，但当气体粒子撞击水分子时，它们就进入到水中，溶解到水溶液里。直到你们把大拇指从活塞上拿开，或者松开堵在注射器出口的食指为止，它们都会溶解在水中。

注意，我好像闻到气体的臭味了！难道没有科学家会不辞辛苦地去寻找一项定律来管管它吗？当然有，这一次是英国人亨利，他在200年前写下了他的亨利定律：

亨利
长腿

下面我用化学术语说给你们听：
（也就是老师提问学生时最想听到的回答）

在一定的温度条件下，溶解在液体中的气体数量与液体溶液中气体的部分压力成正比。

$$S_{gas}=K_{H}p_{gas}$$

其中，S_{gas}是指被溶解的气体的浓度，p_{gas}是指溶液上方的部分气体压力，K_{H}是所有气体的常数。

还有最后一个你们需要知道的内容：

下面我用化学术语说给你们听：
（也就是老师提问学生时最想听到的回答）

气体在液体中的溶解度随着温度的升高而降低。

你们肯定已经发现，这个定律用在固体身上正好相反。事实上，当我们提高温度时，固体，比如碳酸氢钠，会在液体中溶解得更好；而气体则相反。想想看，通过提高溶液的温度，溶剂和溶质中的分子的能量都得到增加，移动得更快，这样它们也就能更容易地打破把它们连在一起的键。

但是一旦液体和气体之间的键被打破，气体分子就尽可能地远离液体，因此液体中的气体就越来越少。换句话说，溶解度降低了。

所以在一天结束的时候，亨利定律的常数K_H根本不是常数，它对每一种气体都有不同的值，同时它也取决于温度。

这是关于气体在液体中溶解度的最后总结：

下面我用化学术语说给你们听：

（也就是老师提问学生时最想听到的回答）

气体在液体中的溶解度随着气体的部分压力和气体与液体之间的键合力的增加而增加，同时也随着温度的升高而降低。

我都能听到你们像小猪一样在打哈欠了。所以我建议你们在下次狂欢节上做一个有趣的小实验。

这个实验叫作神奇泡沫，你需要一瓶可口可乐和一包曼妥思糖。

现在，打开可乐瓶盖，放入曼妥思，把瓶子放在地板上，噢噢噢噢噢噢噢噢，泡沫喷发啦！

好了，现在，闭上你们因震惊而张大的嘴，在妈妈抓到你之前把地板清理干净，然后我们来学习一下原理。可口可乐是一种碳酸饮料，或者更确切地说，是一种水溶液，它在压力作用下溶解了二氧化碳，浓度为0.15mol/L（哇，我们这里用到了摩尔浓度！）。想想看，可怜的二氧化碳在水中的溶解度就只有0.03mol/L，想象一下你们冰箱里可乐瓶里的压力得有多大：至少有3atm。这种压力可以用你们刚刚学到的亨利定律来计算。

当我们打开可口可乐瓶时，二氧化碳的部分压力突然从3atm下降到1atm。因此，气体的溶解度也会暂时降低，二氧化碳会以气泡的形式从溶液中释放出来。

你们还记得每次打开汽水瓶盖时出现的声音吧？嘶嘶嘶。好吧，感谢我们的朋友亨利！

关于亨利定律的部分就到这里了，但是如果你们想要一个完整的关于“魔法泡沫”的解释，你们还需要更进一步学习，不过我很确定这已经不是中学化学课程大纲里的内容了。

那么，当我们把曼妥思糖放进去的时候，我们怎么解释从瓶子里冒出的泡沫呢？就好像二氧化碳沸腾了，带着可口可乐一起从溶液中冲了出来！

解释这个现象的原理被称为“表面张力”，实际上它更像是物理知识而不是化学知识，但如果你们感兴趣，我还是会告诉你们的。

水是一种表面张力很大的液体，这意味着气体很难在它内部形成气泡。

因此，在正常情况下，二氧化碳为了从溶液中逃出来，它就必须先上升到可乐的表面，然后以气体的形式出来，于是便释放出了典型的嘶嘶声！

有点像蒸发的情况，只是我们说的不是蒸气，而是气体。你们还记得它们的区别吧？

然而，曼妥思和可口可乐中的某些成分，特别是饮料中的阿斯巴甜和苯甲酸钾，以及糖果中的阿拉伯胶，都是表面活性物质，这些物质可以降低水的表面张力，从而降低形成气泡所需的能量。

因此，由于这些表面活性剂的结合，气泡气体可以在瓶子里的任何地方形成，所有在压力下溶解的二氧化碳都可以同时从溶剂中释放出来，这就产生了一种神奇的“火山效应”，就好像可口可乐真的在沸腾一样。

我想提醒你们的是，你们的厨房里面有与表面活性剂相同的成分，在任何碳酸饮料中加入它们也会导致完全相同的爆炸，只不过它们不是“表面活性剂”，而是“肥皂”。你们不相信吗？试着在皮帕奶奶的酸橙汽水里加入几滴洗洁精。摇一摇，砰！这将是一顿热闹的圣诞晚餐。

我们做到了！

呃……
我就知道我不该信你们的……

结束语

孩子们，信不信由你们，我们真的读完了这本书。

这是你们化学学习的第一个重要里程碑。你们感觉怎么样？

如果你们读到这里，发现与之前想象中的不同，你们仍然还想读一些其他关于化学的书，或者你们只是好奇想看看我们是否能把你在中学学习的所有化学全都搞砸，请联系我们。

如果你们很喜欢读这本书，或者至少它没有给你们带来太多的痛苦，如果它对你们有帮助，让你们对枯燥的化学有一点改观，那就去传播这个好消息吧。

如果你们能把它的照片发到网上，然后评论上一句："这是一本多么酷的小册子啊！"我们会欣喜若狂的！

无论如何，非常感谢你们如此勇敢和自信地读到这里。

《化学就是这么简单》全体人员向你们问好，祝你们好运。

拉法埃拉和罗伯特